Mehmet Okan Erdal
Mustafa Koyuncu
İbrahim Uslu

Elektrospin Yöntemiyle Termoelektrik Nano Yapılar Üretimi

Mehmet Okan Erdal
Mustafa Koyuncu
İbrahim Uslu

Elektrospin Yöntemiyle Termoelektrik Nano Yapılar Üretimi

Türkiye Alim Kitapları

Impressum / Yayınevi adı
Bibliografische Information der Deutschen Nationalbibliothek: Die Deutsche Nationalbibliothek verzeichnet diese Publikation in der Deutschen Nationalbibliografie; detaillierte bibliografische Daten sind im Internet über http://dnb.d-nb.de abrufbar.

Deutsche Nationalbibliothek tarafından yayınlanan bibliyografik bilgiler: Deutsche Nationalbibliothek, bu yayını Deutsche Nationalbibliografie'de listeler; detaylı bibliyografik bilgi İnternet'te http://dnb.d-nb.de sitesinde mevcuttur.

Coverbild / Kitap kapağı resmi: www.ingimage.com

Verlag / Yayıncı:
Türkiye Alim Kitapları
ist ein Imprint der / yayınevinin bir ticari markasıdır
OmniScriptum GmbH & Co. KG
Heinrich-Böcking-Str. 6-8, 66121 Saarbrücken, Deutschland / Almanya
Email / E-posta: info@turkiye-alim-kitaplary.com

Herstellung: siehe letzte Seite /
Basım yeri: son sayfaya bakın
ISBN: 978-3-639-67254-1

Zugl. / Approved by: Konya, Selçuk Üniversitesi, 2013

ELEKTROSPİN YÖNTEMİYLE TERMOELEKTRİK NANO YAPILAR ÜRETİMİ VE KARAKTERİZASYONU

Mehmet Okan ERDAL
Mustafa KOYUNCU
İbrahim USLU

ÖNSÖZ

Teknolojik gelişmelere bağlı olarak artan enerji ihtiyacı, günümüz toplumlarının en önemli gündem maddelerinden birini oluşturmaktadır. Günlük yaşantımızda kullandığımız enerjinin büyük kısmı halen petrol ürünleri ve kömür gibi fosil yakıtlardan elde edilmektedir. Bu doğal kaynakların yakın bir gelecekte tükeneceği dikkate alındığında, doğanın bize sağladığı her türlü enerji kaynağını kullanmak zorunda olacağımız aşikârdır. Bu noktada, gerek doğada gerekse de çeşitli tesislerde ortaya çıkan ve kullanılmadan doğaya salınan ısının elektrik enerjisine dönüşümünü sağlayan bir sistem fikri bile çok değerlidir. Böyle bir sistemin etkinliğini arttıracak yeni malzemeler ve üretim yöntemleri, çalışmamızın ana motivasyonunu oluşturmaktadır.

Bu çalışma, Selçuk Üniversitesi, Fen Bilimleri Enstitüsü, Fizik Anabilim Dalında yapılmış Doktora Tezinin kitap olarak düzenlenmiş sürümüdür. Çalışmanın hazırlanmasında Selçuk Üniversitesi Fen Fakültesi Fizik Bölümü Nanotermodinamik Araştırma Laboratuvarında yapmış olduğum deneysel çalışmalarda göstermiş olduğu destekten dolayı Sayın Yrd. Doç. Dr. Haziret Durmuş'a içten teşekkür ederim.

Bu çalışmama maddi destek sağlayan Selçuk Üniversitesi Bilimsel Araştırma Projeleri Koordinasyon Birimi'ne teşekkürü borç bilirim.

Son olarak, her zaman yanımda olan ve benden desteklerini hiç esirgemeyen sevgili ailem ve tüm arkadaşlarıma en içten duygularımla teşekkür ederim.

Mehmet Okan ERDAL

KONYA – 2015

İÇİNDEKİLER

SİMGELER VE KISALTMALAR

Simgeler

I	: Akım
Ω	: Ohm
W	: İş
P	: Elektriksel Güç
R	: Elektriksel direnç
n	: Negatif yük taşınımı sağlayan yarıiletken
p	: Pozitif yük taşınımı sağlayan yarıiletken
e	: Elektronun yükü
ρ	: Özdirenç
μ	: Kimyasal Potansiyel
ϕ	: Soğutucu aygıtın enerji dönüşüm etkinliği performans katsayısı
η	: Enerji üretici aygıtın enerji dönüşüm etkinliği performans katsayısı
κ	: Isıl iletkenlik katsayısı
σ	: Elektriksel iletkenlik katsayısı
j	: Elektrik akım yoğunluğu
q	: Isı akı yoğunluğu
T	: Sıcaklık
E	: Elektrik alan şiddeti
L	:Taşınım parametreleri
g	: Gram
μV	: Mikrovolt
μm	: Mikrometre
nm	: Nanometre
mA	: Miliamper
dk	: Dakika
Q	: Isı enerjisi
K	: Kelvin
°C	: Santigrat derece
Π	: Peltier etkisi
S	: Seebeck katsayısı (termoelektrik güç)
β	: Thompson Katsayısı
δ	: Dislokasyon yoğunluğu
D	: Kristal boyutu
ε	: Toz malzemenin mikro gerilme sabiti
a	: Kübik örgü parametresi
θ	:Bragg açısı

Kısaltmalar

ABD	: Amerika Birleşik Devletleri
BET	: Braunauer Emmet Teller Yöntemi ile yüzey alanı hesabı
BMW	: Bavyera Motor Fabrikası (Bayerische Motoren Werke)
DSC	:Diferensiyel taramalı kalorimetri
DTA	: Diferensiyel termal analiz
FWHM	: Piklerin rezonans genişliği(Full width at half maximum)
FTIR	: Fourier transform infrared spektroskopisi
ITO	: İndiyum tin oksit
JCPDS	: Toz kırınım dataları ortak komitesi(Joint Committee on powder diffraction standards)
PAN	:Poliakrilonitril
PPMS	: Fiziksel özellikler ölçüm cihazı (Physical property measurement system)
PVA	: Polivinil alkol
RCA	: Amerika Radyo Şirketi (Radio Corporation of America)
RTG	: Radyoizotop termoelektrik jeneratör
SEM	: Taramalı elektron mikroskobu (Scanning electron microscope)
TGA	: Termo gravimetrik analiz
TL	: Türk Lirası
XRD	: X ışını kırınımı (X-Ray Diffraction)
Z	: Termoelektrik kalite faktörü
ZT	: Boyutsuz termoelektrik kalite faktörü(Figure of merit)

1. GİRİŞ

Geleneksel olarak elektrik enerjisi büyük ölçekte merkezi üretim tesislerinde akarsu, fosil yakıtlar, nükleer fisyon kullanılarak üretilmektedir. Üretilen gücün her kilowatt başına önemli bir kısmı ısı enerjisi olarak atmosfere atılmaktadır. Enerjinin büyük bir kısmı benzer şekilde ağır endüstriyel süreçlerde kaybolmaktadır. Enerji üretiminin en önemli sorunları arasında büyük ölçekte ekonomik bir gider oluşturması ve dünyanın enerji kaynaklarının giderek azalması gösterilebilir.

Enerji üretiminin birçok yolu olmasına rağmen son yıllardaki bazı önemli çalışmalar piezoelektrik ve termoelektrik materyallerin kullanılmasını içermektedir. Termoelektrik materyallerin enerji üretiminde kullanılması fikri her ne kadar yeni olmasa da henüz yeterli etkinliğe ve olgunluğa ulaşamamıştır. Ham petrolün varil fiyatının 30 TL olduğu bir dönemde, bir termoelektrik modülün enerji üretimi amacıyla kullanılması ekonomik olarak anlamsızdır. Ancak günümüzde 200 TL civarında olan ham petrol fiyatı 300 hatta 400 TL gibi değerlere ulaştığında verimliliği arttırılmış bir termoelektrik modül önemli bir enerji kaynağı olacaktır. Termik santrallerden çok daha güvenli ve zararsız olmasına rağmen nükleer santrallerde meydana gelen kazalar nükleer enerjinin de artık çok ta uygun olmadığı kanaatini doğurmaktadır.

Termoelektrik jeneratörler 20. Yüzyılın ortalarından beri özel amaçlar için kullanılmaktadır. Örneğin 1972 yılında fırlatılan Pioneer 10 uydusu radyoizotop termoelektrik jeneratör(RTG) kullanmaktaydı. 1977 de fırlatılan Voyager 1 ve Voyager 2 uyduları ise SiGe maddesinden yapılmış bir RTG kullanıyordu. 1999 yılında fırlatılan Cassini – Huygens uzay aracı ve 2006 yılında fırlatılan New Horizon uzay aracı aynı güç kaynağını kullanıyordu.

Termal enerji, insanlığın varoluşundan bu zamana kadar günlük olaylarda oldukça yoğun bir şekilde kullanılmakta, bunun sonucu olarak kullanılan ısı enerjisinin büyük kısmı atık enerji olmaktadır. Enerji konusunda darboğaza giren günümüz dünyasında ileri teknoloji araştırmaları yapan şirketler termoelektrik gibi yeni ve gelişen teknolojileri kullanan tasarımlar yapmaktadır. Nokia firması termoelektrik batarya ile çalışan bir cep telefonu modelini 2012 yılında duyurmuştur. BMW ve Ford gibi otomotiv üreticileri otomobillerdeki atık ısı enerjisini elektrik enerjisine çevirerek, şarj motorunu devreden çıkaracak tasarımlar yapmaktadır. Aslında içten yanmalı bir motor, kullandığı yakıtın sadece %25' lik bir kısmını verime dönüştürebilmektedir. Bu araçların egzoz sistemlerine uyarlanan termoelektrik bir dönüşüm ile verimlerinin %10 civarında arttırılması günümüz şartlarında araç başına yıllık 200 TL gibi bir tasarruf sağlayacaktır. Frenleme esnasında açığa çıkan yüksek ısının dahi bu üretim basamaklarına dahil edilmesi planlanmaktadır. (Feteira ve Reichmann, 2012)

Termoelektrik uygulamalar, yalnızca elektrik üretim sistemleriyle sınırlı değildir. Yıllar öncesinden bu zamana kadar 3-2000 K arasındaki sıcaklıkları tam olarak ölçebilen hassas sıcaklık sensörleri yapılmaktadır. Bu sensörlerin, kullanıldığı üretim tesisi veya petrol boru hattı gibi büyük sistemlerde meydana gelebilecek herhangi bir kaza anında müdahale kolaylığı sağlayacağı aşikârdır. Son yıllarda termoelektrik uygulamalar, otomobillerdeki araç içi soğutucular, bilgisayar sistemlerindeki işlemci soğutucuları, beyin ameliyatlarında kullanılan lokal soğutucular gibi oldukça geniş alanlara yayılmıştır. Bu uygulamalarda çoğunlukla kullanılan Bi_2Te_3, PbTe esaslı termoelektrik modüller ticari olarak yaygın bir biçimde üretilmektedir.

%20 verimle çalışan bir güneş pili güneşten aldığı enerjinin sadece %1' lik bir kısmını kullanmaktadır. Güneşten yayılan enerji dünyamıza kızılötesi, görünür ışık ve morötesi ışıklar olarak gelmektedir. Güneş pilleri bu ışınlardan yalnızca morötesi ve görünür ışığı kullanırken, bir termoelektrik modül hepsini aynı anda kullanabilmektedir. Ayrıca, termoelektrik aygıtlar, hareketli parçalarının olmaması, sessiz çalışmaları, çevreye zarar vermemeleri ve sıcaklık değişimine hızlı tepki göstermeleri gibi eşsiz özelliklere de sahiptirler(Feteira ve Reichmann, 2012). Bu nedenle, yakın gelecekte atık ısı ve güneş ışığının birlikte kullanılması sayesinde enerji üretiminin önemli orandaki kısmının bu araçlarla yapılması planlanmaktadır.

Termoelektrik enerji üretimi, üretim endüstrisi, askeri ve uzay araştırmaları gibi alanlarda fiilen kullanılan bir teknoloji olarak giderek önemi artan bir konu olmakla birlikte bugün itibariyle dünyanın enerji sorununu çözebilecek yeterliliğe sahip bir konumda değildir. Ancak son dönemlerde termoelektrik materyallerin etkinliğinin arttırılmasına yönelik çalışmalardan elde edilen olumlu sonuçlar, konunun yakın bir zamanda geleceğin enerji üretimi ve yönetimi konusunda oldukça önemli bir yer işgal edeceğini göstermektedir.

2. LİTERATÜR ÖZETİ

2.1. Termoelektrik Olay

1821yılında Seebeck, bir pusulayı kavşak noktalarından biri ısıtılan farklı iki iletkenden oluşan kapalı bir döngünün çevresine yerleştirdiğinde, pusula iğnesinin saptığını gözlemledi. Ancak, yanlışlıkla bu etkileşimin bir manyetik olay olduğu sonucuna vararak ekvator ile kutuplar arasındaki sıcaklık farkı için dünyanın manyetik alanıyla ilişkilendirilmeye çalıştı. Daha sonra, bu olayı bazıları yarıiletken olarak bildiğimiz çok sayıda madde kullanarak tekrarladı. Seebeck yaptığı çalışmada bu maddelerin " $S.\sigma$ "çarpımlarını düzenleyerek 1823 yılında yayınladı. Burada "S" Seebeck katsayısı, "σ" ise elektriksel iletkenlik katsayısıydı. Önemi daha sonra anlaşılan ve sıcaklık farkı kullanılarak elektrik enerjisi üretilen bu olay termoelektrik olay olarak adlandırıldı. Seebeck'in keşfini yaptığı dönemde termoelektrik bir sistemin enerji verimliliği %3 civarındaydı ki bu o dönemin en verimli buhar makineleri için bile rekabetçi sayılabilirdi (Rowe,1995; Poudel,2007).

Seebeck'in keşfinden 12 yıl sonra Peltier tamamlayıcı bir etki keşfetti. Aynı olmayan iki metalden oluşan devreden akım geçirildiğinde metallerin birleştikleri noktalar çevresinde sıcaklık değişimi olmaktaydı. Peltier, Seebeck etkisini zayıf akım kaynağı olarak kullanmaya çalışmasına rağmen gözlemlerinin temel doğasını açıklamakta veya Seebeck'in bulguları ile ilişkilendirme noktasında başarısız oldu. Peltier etkisinin gerçek doğası 1838 yılında Lenz tarafından açıklandı. Lenz bu olayın akımın yönüne bağlı olduğu sonucuna vardı. İki iletken kavşaktan oluşan düzenekte kavşaklardan birinde ısının emildiğini veya üretildiğini basit bir deneyle ispatladı. Kavşaklardan birinde suyun buz olmasını sağladıktan sonra akım yönünü değiştirdiğinde buz erimeye başladı (Rowe,1995).

Termoelektrik olayın keşfini izleyen yıllarda termoelektrik uygulamalardaki ilgi eksikliği ve yavaş ilerleme aynı dönemdeki daha heyecan verici keşiflerin yapılmasıyla unutuldu. Çünkü o dönem, ilk olarak Oersted'in keşfiyle başlayan, Ampere ve Laplace gibi araştırmacılar tarafından sürdürülen ve nihayetinde elektromanyetik indüksiyon yasalarının Faraday tarafından formüle edilmesiyle doruğa ulaşan elektromanyetizma çağıydı.

Termoelektriğe olan ilgi 1850 yılında termodinamiğin gelişmesiyle birlikte geçici olarak canlandı. Çünkü termodinamiğin gelişmesiyle birlikte enerji dönüşümünün bütün formları üzerinde bir ilgi ortaya çıktı. 1851 yılında W. Thomson (Lord Kelvin), Seebeck ve Peltier katsayıları arasında bir ilişki kurdu ve üçüncü bir termoelektrik olayın varlığını ortaya çıkardı. Thomson etkisi olarak adlandırılan bu olay daha sonra deneysel olarak gözlemledi. 1885 yılında Rayleigh, termoelektrik jeneratörün verimini yanlış olarak hesaplamış olsada termoelektrik olayın elektrik üretimi için kullanılması ihtimalini ortaya koydu(Rowe,1995).

Altenkirch, termoelektrik jeneratör ve soğutma için oldukça tatmin edici bir teori sundu. Yaptığı çalışmayla iyi bir termoelektrik malzemede Joule ısınmasını en aza indirebilmek ve ısının kavşaklarda tutulması için yüksek bir Seebeck katsayısı (S) ile birlikte düşük termal iletkenlik (κ) ve düşük elektriksel özdirencin (ρ) olması gerektiğini gösterdi(Ballıkaya, 2010). Arzu edilen bu özellikler kalite faktörü olarak tanımlanan (figure of merit) Z ile temsil edildi ve $Z = S^2/\rho\kappa$ olarak tanımlandı(Rowe,1995). Ancak, bu tanımlamaya göre termoelektrik kalite faktörünün (Z) birimi K^{-1} olmaktaydı.Kullanım kolaylığı bakımından ifade ortalama sıcaklık (T) ile çarpılarak boyutsuz ZT haline getirildi. Mineral yarıiletken maddelerin termoelektrik uygulamalar için oldukça uygun özelliklere sahip olduğu Seebeck tarafından ortaya konulmuş olmasına rağmen, metal ve metal alaşımları üzerinde çalışan araştırmacılar bu durumu göz ardı etti. Çünkü metaller yüksek Seebeck katsayısına sahip olduklarından o dönemde termoelektrik uygulamalar için en uygun maddeler olarak görülmekteydi. Ancak, metallerin çoğu 10 μV/K yada daha düşük Seebeck katsayısına ve elektrik güç kaynağı olarak ekonomik olmayan %1 gibi bir verime sahipti. Benzer durum termoelektrik soğutma için de geçerliydi.

1930ların sonlarında keşfedilen sentetik yarı iletkenler, 100 μV/K ve üzerindeki Seebeck katsayıları ile termoelektrik konusunda yeni bir ilgiye sebep oldu. 1947 yılında Telks %5 verimlilikle çalışan bir jeneratör yaptı. 1949 da Ioffe yarıiletken termoelementler için bir teori geliştirdi(Rowe,1995)ve 1954 te Goldsmid ve Douglas oda sıcaklığından 0 °C' nin altına soğutma yapılabileceğini gösterdi (Goldsmid ve Douglas, 1954). Ne yazık ki yarıiletkenlerin elektriksel iletkenlikleri düşük olduğundan termal ve elektriksel iletkenliklerinin oranı metallerden daha büyük değerler alıyordu. Yarıiletkenlerin üstün termoelektrik materyaller olduğu çok açık değildi ve Sovyet bilim insanları haricinde termoelektrik konusundaki ilgi tekrar azalmıştı. Muhtemel transistör uygulamaları için yapılan bileşik yarıiletken araştırmaları 1950 yılında sonuçlandı ve yeni materyallerin termoelektrik özellikleri önemli ölçüde iyileştirilmişti. 1956 da Ioffe ve arkadaşları bir izomorf element yada bileşik ile hazırlanan alaşımlarda termal iletkenliğin elektriksel iletkenliğe oranının küçültülebileceğini gösterdi. Olası askeri uygulamalarından dolayı özellikle ABD RCA laboratuvarında muazzam bir araştırma yapıldı ve bunun sonucu olarak ZT değeri 1,5 olan birkaç yarıiletken keşfedildi (Rowe, 1995).

1960'lı yılların başında artan uzay araştırmaları, dünya enerji kaynaklarının azalmaya başlaması ve medikal fizik alanındaki gelişmelere bağlı olarak ortaya çıkan bağımsız elektrik kaynağına olan ihtiyaç gibi nedenlerden ötürü alternatif kaynaklara olan ilgi arttı(Rowe ve Bhandari, 1983). Termoelektrik jeneratörler böyle uygulamalar için oldukça ideal görülmekteydi. Termomekanik dönüşüm cihazları ile karşılaştırıldığında, bu sistemlerin hareketli parçalarının olmaması, sessiz çalışmaları, basitlik ve sağlamlık gibi avantajları yanında yüksek maliyet ve düşük verimlilik (genellikle %5)gibi dezavantajları vardı(Cooke-Yarborough ve Yeats, 1975).

Periyodik yakıt ikmalinin mümkün ve oksijenin mevcut olduğu durumlarda, ısı kaynağı olarak fosil yakıtlar kullanılmaktaydı. Hidrokarbon yakıtın enerji yoğunluğu kimyasal bataryalardan 50 kat daha fazlaydı ve dönüşüm veriminin %2 den daha iyi olması şartıyla hidrokarbon yakıtlı bir sistem, uzun süreli enerji üretimi için daha hafif, daha az hacimliydi. Yakıt ikmali yapılamadığında veya oksijen bulunmayan ortamlarda ısı kaynağı olarak radyoizotoplar kullanılmaya başlandı. 1977 de başlatılan Voyager uzay araçlarında sistem gereksinimi olan elektrik enerjisi 17 yıldan daha uzun süre gözetimsiz olarak çalışabilen Radyoizotop Termoelektrik Jeneratörler (RTG) tarafından karşılandı(Rowe ve ark., 1989).

1974 yılında ham petrol fiyatlarının artışını takip eden 5 yıl boyunca termoelektrik jeneratörlerin geniş çaplı elektrik üretiminde kullanılması olasılığı yakın bir ilgi ile araştırılmaya başlandı. Elektrik üretiminin ekonomik ve geniş ölçekli olarak termoelektrik jeneratörlerden karşılanması, ısı kaynağının bol olmasının yanı sıra yarı iletken malzemelerin ucuz üretimine ve kalite faktörünün geliştirilmesine bağlıydı. Bunun yanı sıra 1980'lerin sonlarında ozon tabakasının delinmesi endişesi ve çevre dostu enerji kaynaklarına olan kamu ilgisi, termoelektrik jeneratörlerin atık ısıyı kullanarak geniş çaplı elektrik üretimi için potansiyel bir kaynak olabileceği düşüncesini yaygınlaştırdı(Matsuura ve ark., 1992; Rowe ve ark., 1993).

Aynı dönemde termoelektrik soğutma teknolojisi; buzdolapları, klimalar ve bir cihazın soğutma kapasitesinin çeşitlendirilmesi gibi pek çok özel uygulamalarda başarı göstermişti(Goldsmid, 1960). Büyük ölçekli termoelektrik soğutma, performansının düşük olmasına rağmen güvenirlik ve modülerlik gibi avantajlar sunuyordu(Blankenship ve ark., 1989). Özellikle minyatür dedektör, sensör ve güç kaynakları gibi termoelektrik araçların küçültülmesinde önemli ilerlemeler sağlandı (Anatychuk ve ark., 1991; Van Herwaarden ve ark., 1989;Rowe, 1988).

Son yıllarda 170 K gibi sıcaklıkların altına inebilen ve ticari başarısı olan çok kademeli termoelektrik soğutma modülleri geliştirildi(Goldsmid, 1986). Ancak bu modüllerde kullanılan bizmut-tellür bazlı alaşımların termoelektrik kalite faktörü sıcaklık düştükçe azalmaktadır. Diğer taraftan bizmut-antimon alaşımlarının manyetik alan içerisindeki termoelektrik performansının yükselmesi bu alaşımlara olan ilgiyi artırmıştır(Smith ve Wolfe, 1962; Pişkin, 2006). Aynı zamanda, bir başka manyetik fenomen olan "Ettingshausen etkisi" de düşük sıcaklıkta etkili bir soğutma sürecine imkân sağlamaktadır(Delves, 1962).

Hâlihazırda 150 K ve altındaki sıcaklıklarda termoelektrik soğutma için *n*-tipi bizmut-antimon dışında makul kalite faktörüne sahip materyal bulunmamaktadır. Bir yüksek sıcaklık süperiletkenin pasif bir termoelement olarak kullanılma olasılığı ilk kez Goldsmid ve arkadaşları tarafından keşfedildi(Goldsmid, 1986) ve ilerleyen birkaç yıl içinde başarılı bir şekilde açıklandı(Vedernikov ve ark., 1991; Sidorenko ve Mosolov, 1992).

Termoelektrik aygıtların ticari alanda başarılı bir şekilde kullanılabilmesi materyalin kalite faktörünün arttırılmasına bağlıdır. Bu ise aynı zamanda uygun bir teorik modelle yakın ilişkilidir. Katı hal teorisi modelleme hususunda konuya önemli katkı sağlamıştır. Her ne kadar bir model gerçek malzeme için kaba bir yaklaşım olsa da, soğutma ve elektrik üretimi konusunda maddelerin arzu edilen temel özellikleri için yararlı fikirler verebilmektedir. Tezin ilerleyen bölümlerinde bahsedilecek olan üç termoelektrik malzeme gurubu için çeşitli modeller geliştirilmiştir(Sidorenko ve Mosolov, 1992; Stordeur ve Sobotta, 1987; Bhandari ve Rowe, 1980; Bhandari ve Rowe, 1988). Son yıllarda kalite faktörünün üst limitleri yeniden belirlenmiş olsa da istenen özellikteki bir malzemenin pratikte üretilebilmesinin birçok faktöre bağlı olduğu bilinen bir gerçektir(Vining ve ark., 1992).

Yüksek sıcaklıkta termoelektrik enerji üretimi konusunda yapılan çalışmaların büyük çoğunluğu malzemenin kalite faktörünün yükseltilmesi ve aygıtın en üst çalışma sıcaklığının belirlenmesi üzerine yoğunlaşmıştır. Materyallerin performanslarının geliştirilmesi üzerine yapılan çalışmalar başlangıçta lantan-kalyojenik ve bor-karbon bileşikleri üzerinde yoğunlaşmış ve daha sonra silisyum-germanyum alaşımları ile devam etmiştir (Wood, 1988). Başlangıçtaki çalışmalar, alaşım yapısına ilave düzensizlikler eklenerek örgü termal iletkenliğinin azaltılması yönünde olmasına rağmen (Slack ve Hussain, 1991; Vining ve ark., 1991; Pisharody ve Gamey, 1978; Rowe ve Shukla, 1981) sonraki çalışmalar termoelektrik güç faktörünün artırılması yönünde ilerlemiştir(Flurial ve ark., 1991).

2.2. Oksit Termoelektrikler

$La_{1-x}Sr_xCrO_3$, oksit yapılı termoelektrikler arasında ilk çalışılan madde olarak dikkat çekmiştir. Bu madde yüksek elektriksel iletkenliğinden dolayı katı oksit yakıt hücrelerinde ara iletken olarak kullanılmaktaydı. Ayrıca oda sıcaklığından 1800 K sıcaklığına kadar geniş bir sıcaklık bölgesinde yüksek termal dayanıklılığa sahipti ve pozitif Seebeck katsayısı 200-300 μV/K gibi yüksek değerler almaktaydı. Örneğin $La_{0,85}Sr_{0,15}CrO_3$'ın termoelektrik kalite faktörü 1600 K de 0,14 olarak belirlenmişti (Weber ve ark., 1987).

1990 yılının ortalarından itibaren termoelektrik uygulamalar için oksit içeren bileşikler üzerindeki ilgi artmaya başladı. İlk olarak 1991 yılında birçok teknolojik uygulamada saydam iletken olarak kullanılan ve oldukça yüksek iletkenliğe sahip ITO(indiyum-tin-oksit, In_2O_3-SnO_2)oksit bileşiğinin termoelektrik özellikleri çalışılmıştır(Ohtaki ve ark.,1996). Bu bileşiğin oldukça yüksek güç faktörü olmasına karşın ($1,6.10^{-4}$ $Wm^{-1}K^{-2}$) 1000 °C deki termoelektrik kalite faktörü0,04 mertebesinde bulunmuştur. Aynı dönemde kullanılan geleneksel Bi-Te bileşiklerinin termoelektrik kalite faktörü0,06 mertebesinde idi. ITO'nun bu dönemdeki en önemli avantajı yüksek sıcaklıklarda sahip olduğu kararlı yapısının atık ısıdan elektrik enerjisi üretimi konusunda umut vadetmesiydi.

Aynı yıllarda, tek kristal yapılı $NaCo_2O_4$'in yüksek termoelektrik güce ve düşük özdirence sahip olması nedeniyle iyi bir termoelektrik oksit olduğu keşfedildi ve bu sayede oksit termoelektrik malzemeler üzerindeki ilgi artmaya başladı(Terasaki ve ark., 1997; Koumoto ve ark., 2002). Tek kristal yapılı $NaCo_2O_4$'in termal iletkenliği başarılı bir şekilde ölçüldü ve 800 K de beklenen ZT değerini bulundu (Fujita ve ark., 2001). Bu keşfi izleyen çalışmalar sonucunda $NaCo_2O_4$, $Ca_3Co_4O_9$ (Funahashi ve ark., 2000; Shikano ve Funahashi, 2003), $(Bi,Pb)_2Sr_2Co_2O_8$ (Funahashi ve Mastubara, 2001),$TlSr_2Co_2O_y$ (Hébert ve ark., 2001), ve $(Hg, Pb)Sr_2Co_2O_y$ (Maignan ve ark., 2002) gibi iyi termoelektrik performans gösteren maddeler bulundu. Ancak $Ca_3Co_4O_9$ yapılı tek kristalli oksitlerin 873 K deki termoelektrik kalite faktörü ZT=1,2 iken polikristal $Ca_3Co_4O_9$ oksit maddelerin performansının tek kristalli yapılarından çok daha düşük olduğu (ZT=0,3) gözlenmiştir ki benzer durum diğer tüm oksit termoelektrikler içinde geçerlidir. Bu durum üretim yöntemlerinde farklı yaklaşımların geliştirilmesine yol açmıştır.

Bilindiği gibi termoelektrik enerji dönüşümü veya ısıtma-soğutma uygulamaları için yapılan modüller "*p*" ve "*n*" tipi yarıiletkenlerin her ikisinden oluşmaktaydı. Yukarıda bahsettiğimiz oksit yapılı termoelektrik maddelerin hepsi "*p*" tipi yarıiletken özellik gösteriyordu. Modül uygulamaları için oksit yapılı "*n*" tipi yarı iletken ihtiyacı, önemini gittikçe arttırmıştı. Bu ihtiyacı karşılamak için elektronik uygulamalarda oldukça yaygın olarak kullanılan ZnO yapılı oksit malzemeler üzerine araştırmalar yoğunlaştı. Kendi başına ZnO yapısının termoelektrik özellikleri oldukça küçük değerler alıyordu. Bu yapıya eklenen az miktardaki Al ve Ga termoelektrik özellikleri önemli oranlarda arttırmıştı (Ohtaki ve ark., 1996; Tsubota ve ark., 1997).

İlerleyen yıllarda katmanlı kobalt oksitler ve çinko oksitlerin haricinde "*Perovskite*" tipi olarak adlandırılan $SrTiO_3$ yapılı bileşiklerin termoelektrik özellikleri araştırılmaya başlandı(Ohta ve ark., 2005). Bu maddelerin elektriksel iletkenliği ve Seebeck etkinliği çok iyiydi ancak termal iletkenlik değerleri de oldukça yüksekti. Termoelektrik kalite faktörü0,1 – 0,2 sınırını geçemiyordu. Bu nedenle yüksek sıcaklık uygulamalarında verimli bir madde değildi. 2007 yılına gelindiğinde $SrTiO_3$ perovskite tipi oksit maddesinin süperörgü epitaksiyel ince film yapısının termoelektrik kalite faktörünün ZT=2,4 olduğu rapor edildi(Ohtaki, 2011).

Oksit yapılı termoelektrik maddelerinin termoelektrik kalite faktörünün tarihsel gelişimi Şekil 2.1 de gösterilmiştir.

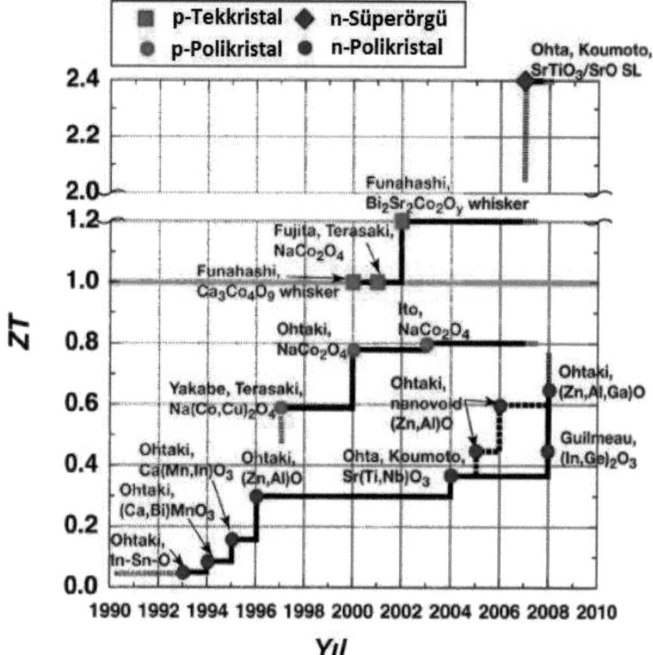

Şekil 2.1 Oksit termoelektrik materyallerin termoelektrik kalite faktörünün tarihsel gelişimi (Ohtaki, 2011)

3. TERMOELEKTRİK TEORİ

3.1. Seebeck Etkisi

İzole edilmiş bir iletken ya da yarıiletkendeki iki nokta arasındaki sıcaklık farkı, bu iki nokta arasında bir potansiyel fark oluşturur. Bu olay Seebeck etkisi ya da, termoelektrik etki olarak adlandırılır. İletken içindeki birim sıcaklık farkı başına termoelektrik voltaja Seebeck katsayısı adı verilir. Şekil 3.1 de gösterilen bir tarafı sıcak diğer tarafı soğuk alüminyum çubuğu dikkate alalım. Sıcak bölgedeki elektronlar soğuk bölgedeki elektronlardan daha enerjik olduklarından, sıcak taraftan soğuk tarafa doğru elektron akışı olur ve sonuçta sıcak tarafta pozitif metal iyonları kalırken soğuk tarafta elektron toplanması gerçekleşir. Bu durum, sıcak taraftaki pozitif iyonlar ve soğuk taraftaki fazladan elektronlar arasında bir elektrik alan oluşmasına yol açar. Dolayısıyla sıcak ve soğuk uçlar arasında bir gerilim farkı meydana gelir. Seebeck etkisi ve Peltier etkisi en önemli termoelektrik etkilerdir. Yukarıdaki tanıma göre bazen termoelektrik güç veya termogüç olarak ta adlandırılan Seebeck katsayısı,

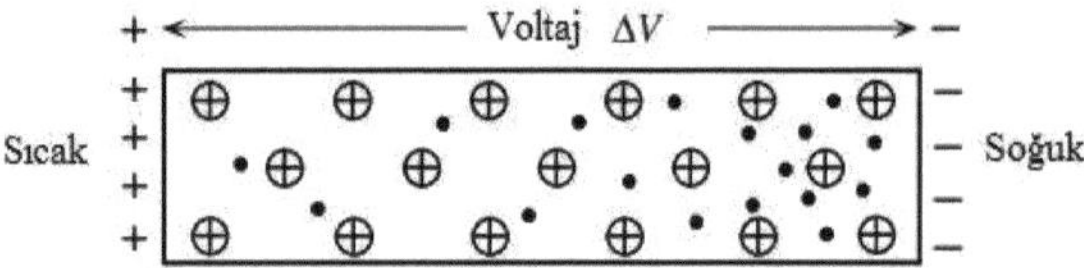

Şekil 3.1Uçları arasında sıcaklık farkı oluşturulan Alüminyum levha

$$S = \frac{dV}{dT}\left(\frac{volt}{kelvin}\right) \tag{3.1}$$

ile verilir ve birimi $V/°C$, V/K veya genellikle $\mu V/K$ olarak alınır. S 'nin işareti soğuk tarafın sıcak tarafa göre olan potansiyelini ifade eder. Eğer elektronlar sıcak taraftan soğuk tarafa geçerse, soğuk taraf sıcak tarafa göre negatif olacağından Seebeck katsayısı negatif olacaktır. Diğer taraftan, p-tipi bir yarıiletkende deşikler sıcak taraftan soğuk tarafa geçeceğinden soğuk taraf sıcak tarafa göre pozitif olacak ve neticede Seebeck katsayısı pozitif değer alacaktır.

Basit bir Seebeck deney düzeneği Şekil 3.2 de verilmiştir. Birleşim noktaları farklı sıcaklıkta tutulan A ve B iletkenlerinden oluşan devrede bu birleşim noktalarından alınan kontaklar arasında bir potansiyel farkı ortaya çıkacaktır. Benzer durum tek bir termoelement kullanılması durumunda da ortaya çıkar.

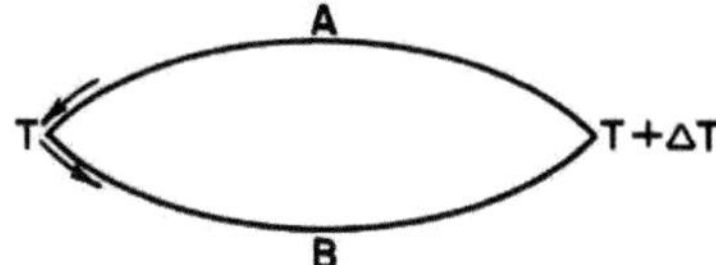

Şekil3.2 Seebeck deney düzeneği (Pollock, 1985)

Şekildeki her bir iletkenin mutlak Seebeck katsayıları S_A, S_B olmak üzere kontaklar arasındaki potansiyel fark

$$\Delta V = \int_T^{T+\Delta T} S_{AB}.\,dT = \int_T^{T+\Delta T} (S_A - S_B)dT \qquad (3.2)$$

denklemi ile verilir. Burada S_{AB} bağıl Seebeck katsayısıdır. Platin metali referans alınarak oluşturulmuş şekildeki tabloda bazı metallere ve yarıiletkenlere ait Seebeck katsayıları verilmiştir.

Metaller	*Seebeck Katsayısı (μV/K)*
Antimon	47
Nikrom	25
Molibden	10
Kadmiyum	7,5
Tungsten	7,5
Altın	6,5
Gümüş	6,5
Bakır	6,5
Rodyum	6,0
Tantal	4,5
Kurşun	4,0
Alüminyum	3,5
Karbon	3,0
Civa	0,6
Platin	0
Sodyum	-2,0
Potasyum	-9,0
Nikel	-15
Bakır - Nikel	-35
Bizmut	-72

Yarıiletkenler	*Seebeck Katsayısı (μV/K)*
Selenyum	900
Tellür	500
Silisyum	440
Germanyum	300
N tipi Bi_2Te_3	-230
P tipi $Bi_{2-x}Sb_xTe_3$	300
P tipi Sb_2Te_3	185
PbTe	-180
$Pb_3Ge_{39}Se_{58}$	1670
$Pb_6Ge_{36}Se_{58}$	1410
$Pb_9Ge_{33}Se_{58}$	-1360
$Pb_{13}Ge_{29}Se_{58}$	-1710
$Pb_{15}Ge_{37}Se_{58}$	-1990
$SnSb_4Te_7$	25
$SnBi_4Te_7$	120
$SnBi_3Sb_1Te_7$	151
$SnBi_{2,5}Sb_{1,5}Te_7$	110
$SnBi_2Sb_2Te_7$	90
$PbBi_4Te_7$	-53

Tablo 3.1 Bazı metal ve yarı iletkenlere ait Seebeck katsayıları (Moffat,1997)

3.2. Peltier Etkisi

Peltier etkisi, ısının elektrik akımı ile bir noktadan başka bir noktaya taşınması olayıdır (Şekil 3.3).Devreden bir akım geçirilmesi durumunda akımın yönüne bağlı olarak kontak noktalarından birinde ısı soğurulurken diğerinde ısı yayılımı meydana gelir. Isının soğrulduğu ya da yayıldığı noktalar arasındaki taşınım hızı;

$$\frac{dQ}{dt} = \Pi_{AB}.I = (\Pi_A - \Pi_B).I \qquad (3.3)$$

ile ifade edilir.$\Pi_A$veΠ_B sırasıyla her bir iletkenin Peltier katsayılarını göstermektedir. Peltier etkisi Seebeck etkisinin tersi bir süreçtir.

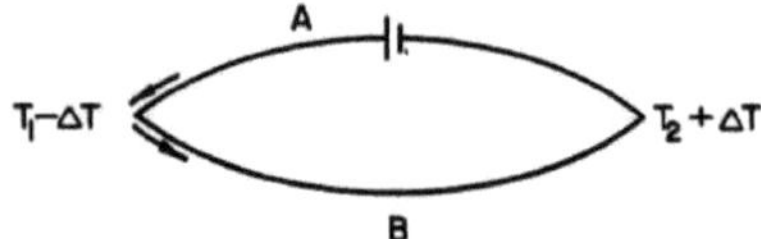

Şekil 3.3 Peltier deney düzeneği (Pollock, 1985)

3.3. Thomson Etkisi

1856 yılında William Thomson (Lord Kelvin),Seebeck ve Peltier etkilerini termodinamik yasalarına dayalı olarak ayrıntılı bir şekilde açıklayarak iki olay arasında $\Pi = S.T$ şeklinde basit bir ilişki olduğunu ortaya koymuştur. Thomson 'un bu açıklaması termoelektriğin üçüncü etkisi veya Thomson etkisi olarak bilinmektedir. Uçları arasında ΔT sıcaklık farkı bulunan bir iletkenden elektrik akımı geçirildiğinde iletkenin bir parçasında üretilen tersinir ısı

$$Q_T = \beta.\Delta T.I \qquad (3.5)$$

denklemi ile verilebilir. Burada, Q_TThomson ısısı(W), ΔTiletkenin uçları arasındaki sıcaklık farkı(°C), Iiletken üzerinden geçen akım şiddeti(A) ve βThomson katsayısı($V/$°C) dir.

3.4. Termoelektrik Aygıtlar ve Termoelektrik Uygulamaları

Termoelektrik aygıtlar günümüzde, elektrik enerjisi üretimi, ısıtma veya soğutma sistemleri ve sıcaklık sensörleri gibi farklı amaçlar için kullanılmaktadırlar. Elektrik enerjisi üretiminde Seebeck etkisinden faydalanılırken ısıtma veya soğutma işlemleri için Peltier etkisi kullanılır.

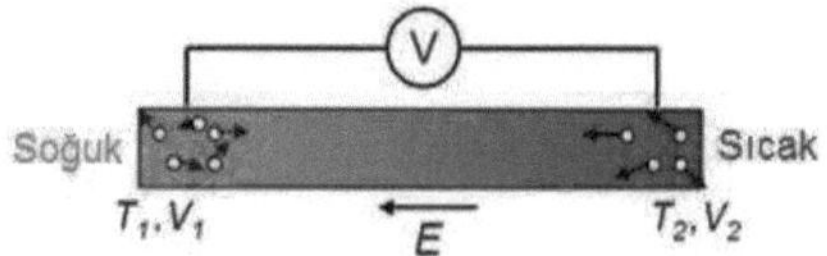

Şekil 3.4 Termoelektrik Jeneratör

Seebeck etkisi kullanılarak ısı enerjisi doğrudan enerji elektrik enerjisine dönüştürülebilir. Buna termoelektrik enerji üretimi denir. Şekil 3.4te termoelektrik enerji üretimi şematik olarak gösterilmiştir. Örnek sol taraftan ısıtılmaya başlandığında sıcaklık farkından dolayı madde indüklenir. Eğer devre bir yük ile (direnç) kapalı devre haline getirilirse üretilen elektrik bu yük üzerinde harcanır. Burada termoelektrik materyal bir çeşit batarya gibi davranır, termoelektrik güç elektromotor kuvvete karşılık gelirken materyalin direnci ise bataryanın iç direncine karşılık gelmektedir. Termoelektrik enerji üretiminin başlıca üç avantajı vardır; bakım gerektirmez, atık ısının geri dönüşümüne imkân verir ve uzun süreli işletim sağlar.

Modern bir termoelektrik modül, iki yalıtkan seramik arasında külçe şeklindeki "*n*" ve "*p*" tipi termoelement yarıiletkenlerin seri olarak iletkenler aracılığıyla bağlanmasından oluşur(Şekil3.5). Bu modülün yüzeyleri arasında sıcaklık farkı oluşturulduğunda elektriksel güç harici bir yolla taşınır ve modül bir jeneratör gibi çalışır. Bunun tersine modülden elektrik akımı geçirildiğinde ısı modülün bir yüzeyinden diğer yüzeyine doğru emilir ve modül bir soğutucu olarak çalışır.

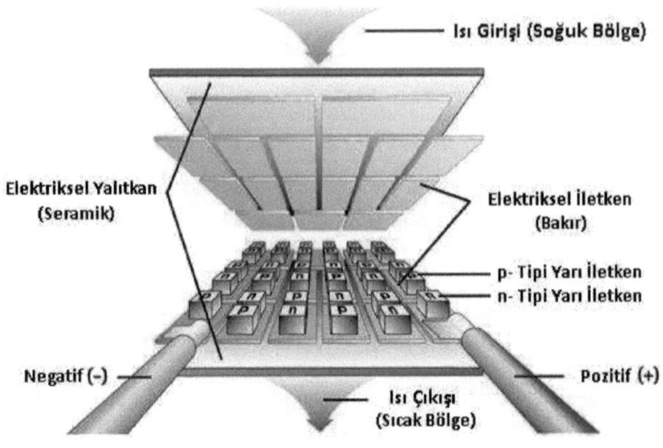

Şekil 3.5 Termoelektrik modül(Noah Precision LLC, 2013)

Termoelektrik aygıtlar Şekil 3.5 te gösterilen termoelektrik modüllerden oluşur. Termoelektrik modüller çalışma sıcaklık oranlarına bağlı olarak iki kategoriye ayrılırlar. Genellikle soğutma işleri için kullanılan Bizmut-tellür ve alaşımları yüksek Z değerine sahiptirler ve maksimum çalışma sıcaklıkları 450 K civarıdır. Kurşun-tellür alaşımları ile Silikon-germanyum alaşımlarının kalite faktörleri sonraki en yüksek değere sahiptir. Bu materyaller jeneratör uygulamalarında kullanılırlar ve çalışma sıcaklıkları 1000 K - 1300 K dir.

Peltier etkisini kullanan termoelektrik aygıtlar soğutucu materyaller olarak kullanılabilir. Bir termoelektrik soğutucu, gazlı soğutucularda olduğu gibi herhangi bir dönüşüm malzemesine ihtiyaç duymaz. Bu sebeple verimli bir termoelektrik soğutucu gazlı soğutuculara çok iyi bir alternatif olabilir. Diğer bir avantajı ise termoelektrik soğutucularda akım yönünde çok hızlı bir ısınma ve soğuma gerçekleşir. Böylece termoelektrik bir soğutucu taşıma kabinlerinde kullanılabilir.

4. TERMOELEKTRİK AYGITLARIN TERMODİNAMİĞİ

4.1. Termodinamik Denge

Elektrik akım yoğunluğu j ve termal akım yoğunluğu q, kimyasal potansiyel (μ) ve sıcaklığın (T) fonksiyonu olarak aşağıdaki şekilde yazılabilir.

$$-j = L_{11}\frac{1}{T}\nabla\mu + L_{12}\nabla\frac{1}{T} \quad (4.1)$$

$$q = L_{21}\frac{1}{T}\nabla\mu + L_{22}\nabla\frac{1}{T} \quad (4.2)$$

Burada L_{ij} taşınım parametreleridir (Callen, 1985). Kimyasal potansiyel, elektrostatik($\mu_e = eV$) ve kimyasalμ_c olmak üzere iki bölümden oluşur ve elektrik alana bağlılığı aşağıdaki gibi verilir.

$$E = -\nabla V = -\frac{1}{e}\nabla(\mu - \mu_C) \quad (4.3)$$

Ancak deneylerde $\nabla\mu_c$ayrı olarak gözlemlenemediğinden gözlemlenen E içerisinde olduğu düşünülür (Ashcroft ve Mermin 1976).

Yukarıdaki denklem 4.1ve 4.2 ile verilen eşitlikler Boltzman taşınım denklemleri ile aynıdır.

$$j = \sigma E + S\sigma\nabla(-T) \quad (4.4)$$

$$q = ST\sigma E + \kappa'\nabla(-T) \quad (4.5)$$

Burada σ elektrik iletkenlik ve $j \neq 0$ için κ' termal iletkenliktir. $\nabla T = 0$ için elektrik alan terimleri denklem 4.4 ve 4.5 den kaldırılırsa aşağıdaki denklem elde edilir.

$$\frac{q}{T} = Sj \quad (4.6)$$

4.6 denkleminin sol kısmı entropi akım yoğunluğudur ve termoelektrik gücün(S), entropi akımının elektrik akımına oranına eşit olduğunu söyleyebiliriz.

4.2. Isı Dengesi Denklemi

Bir termoelektrik soğutucunun şematik gösterimi Şekil4.1(a)'da verilmiştir. Kolaylık açısından bu cihazın tüm parametrelerinin sıcaklıktan bağımsız olduğunu düşünelim.

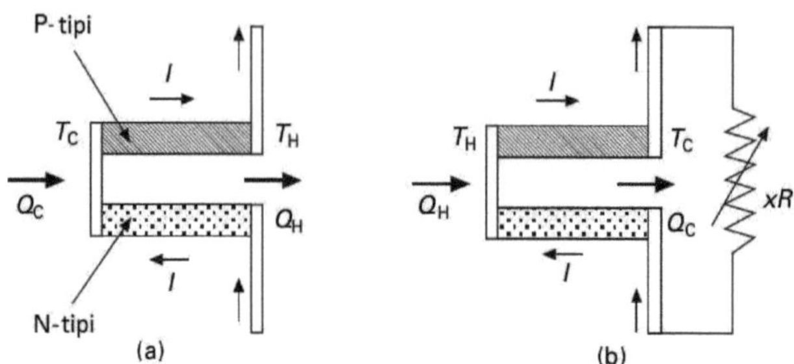

Şekil 4.1(a) Termoelektrik Jeneratör – (b) Termoelektrik Soğutucu(Terasaki,2005)

Soğuk taraftan pompalanan ısı (Q_C) aşağıdaki gibi ifade edilebilir.

$$Q_C = ST_C I - \frac{1}{2}RI^2 - K\Delta T \qquad (4.7)$$

Buradaki ikinci terim örnek içerisindeki Joule ısısı, üçüncü terim ise termal akımın geri beslemesidir. Benzer şekilde sıcak bölgede emilen ısı için

$$Q_H = ST_H I + \frac{1}{2}RI^2 - K\Delta T \qquad (4.8)$$

yazılabilir. Böylece net iş W;

$$W = Q_H - Q_C = (S\Delta T + IR)I \qquad (4.9)$$

denklemi ile ifade edilir.

Şekil 4.1 (b)'de ise termoelektrik jeneratörün şematik gösterimi verilmiştir. Yukarıdaki soğutucu ifadelerine benzer şekilde Şekil4.1(b)' deki aygıt için sıcak ve soğuk kısımların ısı dengesi aşağıdaki gibi verilir.

$$Q_H = ST_H I - \frac{1}{2}RI^2 + K\Delta T \qquad (4.10)$$

$$Q_C = ST_C I + \frac{1}{2}RI^2 + K\Delta T \qquad (4.11)$$

Devreye bağlanan dış direnç $R_{dış}$=x.R olmak üzere Ohm kanunu ifadesine göre akımı I=V/R= [S.dT]/[(1+x).R] olarak yazabiliriz. Dolayısıyla devrede harcanan güç P;

$$P = IV = \frac{(S\Delta T)^2}{R}\frac{x}{(1+x)^2} \qquad (4.12)$$

halini alır. $x = 1$ için en büyük P değeri $P_{max} = (S\Delta T)^2/4R$ şeklinde yazılır. Termoelektrik güç faktörü $S^2\sigma = S^2/\rho$ ifadesiyle verilmiştir. Burada ρ sistemin özdirencidir. Yukarıda sistemin en büyük elektriksel güç değerinin termoelektrik güç faktörü ile ilişkili olduğu kolaylıkla anlaşılmaktadır.

4.3. Kalite Faktörü ve Dönüşüm Etkinliği

Bir termoelektrik soğutucu için T_H ve T_C sıcaklıklarını sabit olarak alalım ve en büyük ısı soğurmasını tahmin etmeye çalışalım. Bunun için gerekli olan $\frac{dQ_C}{dI} = 0$şartına karşılık gelen optimum akım$I_0 = S.T_C/R$ olarak elde edilir. Buradaki I_0 değerini denklem 4.7de yerine koyarsak

$$Q_C^{max} = \frac{S^2T_C^2}{2R} - K\Delta T = K\left(\frac{S^2T_C^2}{2RK} - \Delta T\right) \qquad (4.13)$$

olur. Denkleme termoelektrik kalite faktörü Z'yi eklersek;

$$Z = \frac{S^2}{RK} = \frac{S^2}{\rho\kappa} \qquad (4.14)$$

ifadesini elde ederiz. Buna göre en büyük Q_C değerini aşağıdaki gibi yazabiliriz.

$$Q_C^{max} = K\left(\frac{1}{2}ZT_C^2 - \Delta T\right) \qquad (4.15)$$

Böylece ΔT=0 için soğurulan maksimum ısının doğrudan termoelektrik kalite faktörü Z ile orantılı olduğu görülür.

Şimdi, sabit Q_C ve T_H için sistemin ulaşabileceği en düşük sıcaklığı (T_{C0}) hesaplayabiliriz. Bunun için gerekli olan$\frac{dT_C}{dI} = 0$şartı $I_1 = S.T_{C0}/R$ ile verilen optimum akımı verir. Elde edilen I_1 akımı denklem 4.7 'de yerine konulursa

$$\Delta T = \frac{S^2T_{C0}^2}{2KR} - \frac{Q_C}{K} = \frac{1}{2}ZT_{C0}^2 - \frac{Q_C}{K} \qquad (4.16)$$

bulunur. Denklemden anlaşılacağı gibi $Q_C = 0$ için maksimum sıcaklık farkı ΔT, termoelektrik kalite faktörü Z ile doğru orantılı olacaktır.

Son olarak bir termoelektrik soğutucunun enerji dönüşüm verimini aşağıdaki gibi bir performans katsayısı (ϕ) ile karakterize edebiliriz.

$$\phi = \frac{Q_C}{W} = \frac{Q_C}{Q_H - Q_C} = \frac{ST_C I - \frac{RI^2}{2 - K\Delta T}}{(S\Delta T + RI)I} \qquad (4.17)$$

$\frac{d\phi}{dI} = 0$ alınarak optimize I_2 akımı

$$I_2 = \frac{S\Delta T}{R\left(\sqrt{1+Z\bar{T}}-1\right)} \tag{4.18}$$

şeklinde elde edelir. Buradaki $\bar{T}$,

$$\bar{T} = \frac{T_C+T_H}{2} \tag{4.19}$$

ile verilen ortalama sıcaklıktır. (4.18) ifadesi denk.(4.17) de kullanılırsa

$$\emptyset_{max} = \frac{T_C\sqrt{1+Z\bar{T}}-T_H}{\Delta T\left(\sqrt{1+Z\bar{T}}+1\right)} \tag{4.20}$$

denklemi elde edilir. Bir enerji üretici için verim(η)

$$\eta \equiv \frac{W}{Q_H} = \frac{IV}{ST_H - \frac{RI^2}{2+K\Delta T}} = \frac{x\Delta T}{1+x\bar{T}+\frac{(1+x)^2}{Z+x\Delta T/2}} \tag{4.21}$$

ile verilir. $\frac{d\eta}{dx} = 0$ alınarak maksimum verim için

$$\eta_{max} = \frac{\Delta T\left(\sqrt{Z\bar{T}+1}-1\right)}{T_H\sqrt{Z\bar{T}+1}+T_C} \tag{4.22}$$

bulunur. Elde edilen bu sonuçlar hakkında birkaç yorum yapılabilir. İlk olarak, 4.20 denklemindeki ϕ_{max} ve 4.22 denklemindeki η_{max} ifadeleri $ZT \to \infty$ için Carnot verimine indirgenir. Bu sonuç oldukça mantıklıdır çünkü termoelektrik enerji dönüşümü elektron taşınımı yoluyla oluşan bir dönüşümdür ve bu süreç Joule ısısına eşlik eden, geri dönüşümü olmayan bir süreçtir.

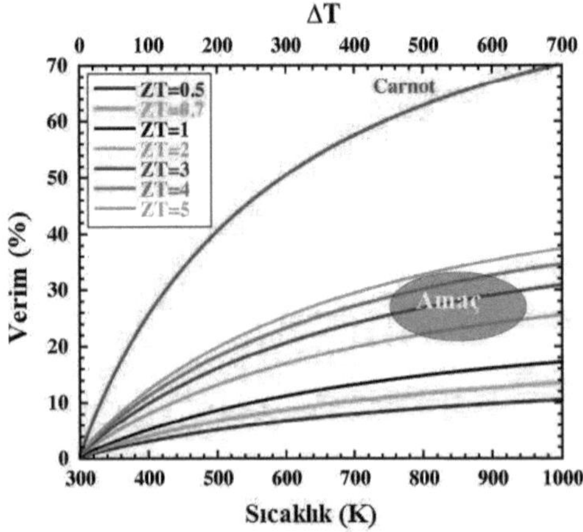

Şekil 4.2 ZT'nin bazı ΔT değerleri için enerji dönüşüm verimi (Douglas, 2013)

İkincisi, Şekil4.2'den görüleceği üzere η veriminin, büyük ZT ve ΔT değerleri için daha büyük olduğudur. Bir güneş pilinin dönüşüm veriminin 10-15% civarında olduğu dikkate alınırsa, pratik uygulamalar için termoelektrik bir aygıtın dönüşüm veriminin aynı aralıkta olabilmesi için en azından $Z > 3.10^{-3}K^{-1}$ ve $\Delta T > 300$ K olması gerekir. Bunun anlamı ise ZT=1,8 ve T=600 K olması gerektiğidir. Üçüncü olarak ise ticari soğutucuların performans katsayısı 1,2 – 1,3 aralığında değerler almaktadır ki bu ZT = 3 – 4 değerine karşılık gelir. Bu nedenle termoelektrik soğutucuların gazlı soğutucuların yerini alabilmesi için kaçınılmaz olarak ZT değerinin yükseltilmesi gerekmektedir.

5. TERMOELEKTRİK MATERYALLER

5.1. Geleneksel Termoelektrik Materyaller

Günümüze kadar pratik olarak kullanılan termoelektrik materyaller Bi_2Te_3, PbTe, ve $Si_{(1-x)}Ge_x$ bileşikleridir. *n* tipi BiSb düşük sıcaklıklarda oldukça üstün özelliklere sahiptir ancak aynı üstün niteliklere sahip *p* tipi bir eşi halen bulunamamıştır. Şekil 5.1 de çeşitli termoelektrik materyallere ait ZT değerleri verilmektedir. Bi_2Te_3 oda sıcaklığı yakınlarında en yüksek performansı gösterir ve yaygın olarak soğutma uygulamalarında ticari Peltier modüllerinde kullanılır. PbTe en yüksek performansını 500-600 K civarında gösterir. $Si_{(1-x)}Ge_x$ ise 1000 K üzerindeki sıcaklıklarda en yüksek ZT değerine sahiptir.

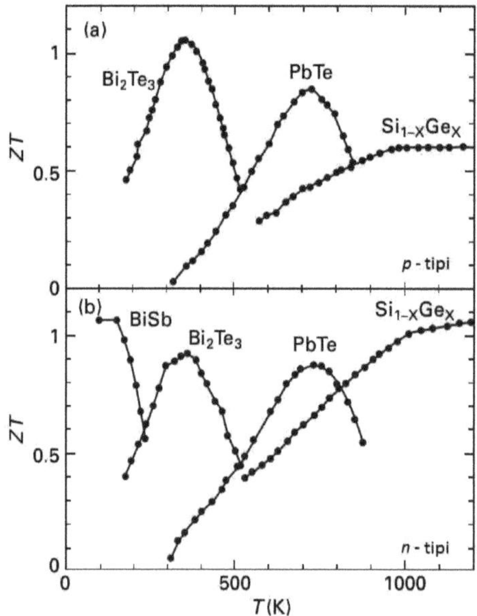

Şekil 5.1Çeşitli termoelektrik materyallerin ZT katsayılarının sıcaklıkla değişimi (Sorrel ve ark., 2005)

Geleneksel termoelektrik materyaller yüksek performanslı dejenere yarıiletkenlerden oluşurlar. Şekil 5.2 de elektriksel iletkenlik (σ), termal iletkenlik (κ), termoelektrik güç (S)ve termoelektrik güç faktörü ($S^2\sigma$) , taşıyıcı yoğunluğu (n) nin bir fonksiyonu olarak gösterilmiştir(Mahan, 1998).

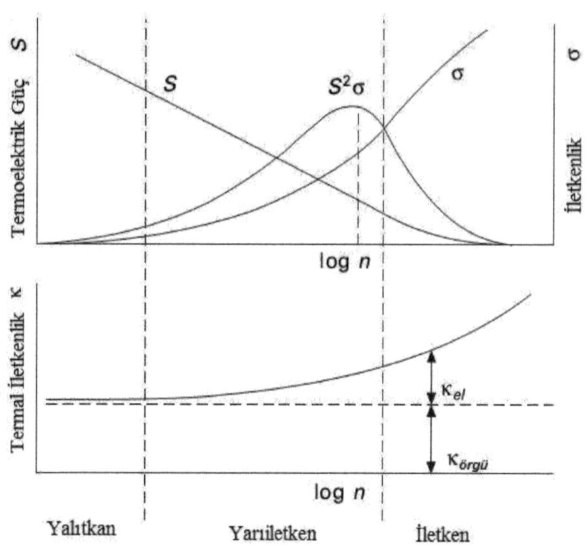

Şekil 5.2Sıcaklığın bir fonksiyonu olarak termoelektrik parametreler (Mahan, 1998)

Burada basit bir parabolik bant varsayılmış ve elektron-elektron, elektron-fonon etkileşimleri ihmal edilmiştir. Grafikte görüldüğü gibi termoelektrik güç "*n*" ile azalmakta, elektriksel iletkenlik ise artmaktadır. Ayrıca ideal bir taşıyıcı konsantrasyonu "n_0" için termoelektrik güç faktörü ($S^2\sigma$) bir maksimum değer almaktadır. "n_0" ın altında elektriksel iletkenlik oldukça düşük değerler alırken üstünde termoelektrik güç çok küçük olmaktadır. Fermi-Dirac dağılımı yerine Boltzman dağılımı kullanılırsa ideal konsantrasyon, dejenere yarıiletkenin "*n*" değerine yakın olan 10^{19}-10^{20} cm^{-3} civarında hesaplanabilir. Elektriksel iletkenlik $\sigma = ne\mu$ olarak ifade edildiğinden iletkenlik değerini büyütmenin tek yolu "$n = n_0$" için değişken μ değerini büyütmektir.

Şekil 5.2 de gösterildiği gibi κ, kristal örgü kısmı olan $\kappa_{örgü}$ ve elektron kısmı olan κ_{elk} olmak üzere iki bölümden oluşur. "$n = n_0$" yakınında ilk terim daha baskın olduğundan kalite faktörünü büyütmek için diğer terimler olan" $S^2\sigma$" değerini değiştirmeden $\kappa_{örgü}$ değerini küçültmek gereklidir. En düşük mertebeli yaklaşım altıda $\kappa_{örgü}$ aşağıdaki gibi yazılabilir(Ashcroft ve Mermin 1976).

$$\kappa_{örgü} = \frac{1}{3} C_L v_s l_{ph} \tag{5.1}$$

Burada C_L, kristal örgünün özgül ısısı, v_s ses hızı ve l_{ph} ise fononun ortalama serbest yoludur. Ağır elementler içeren bir materyal, katı seramik çözeltiler ve çok atomdan oluşan birim hücreleriyi sonuçlar vermesi açısından uygun olabilirler. Mahan, iyi bir termoelektrik materyalin mikroskobik parametresi olarak B faktörünü aşağıdaki gibi önermiştir (Mahan,1989).

$$B = \left(\frac{2mk_BT}{\pi\hbar^2}\right)^{\frac{3}{2}} \frac{\mu}{\kappa_{örgü}} \propto m^{\frac{3}{2}} \frac{\mu}{\kappa_{örgü}} \tag{5.2}$$

Burada "m", "μ" ve $\kappa_{örgü}$ parametreleri bağımsız parametrelerdir, oysaki "S", "ρ" ve "κ" öyle değildir. Yukarıdaki ifadeye göre etkin kütlesi büyük, daha yüksek mobiliteye sahip ve örgü termal iletkenliği daha düşük olan malzeme arayışı sürmektedir.

	En Büyük ZT Sıcaklığı (K)	*Etkin Kütle*	*Mobilite (m^2/Vs)*	*Kristal Örgü Termal İletkenlik (W/m.K)*	*ZT*
Bi_2Te_3	300	0,2	0,12	1,5	1,3
PbTe	650	0,05	0,17	1,8	1,1
$Si_{1-x}Ge_x$	1100	1,06	0,01	4,0	1,3

Tablo 5.1 Geleneksel termoelektrik maddelerin termoelektrik parametreleri (Mahan, 1998)

Tablo 5.1 de geleneksel termoelektrik materyallerin termoelektrik parametreleri listelenmektedir. Bu materyallerin B faktörü 0,3 – 0,4 aralığındadır ve bu değer diğer yarıiletkenlerinkinden daha büyüktür.

5.2. Oksit Termoelektrik Materyaller

Oksijenin bir veya birden fazla metal ile oluşturduğu bileşiklere oksit denir. Kristal yapılarından kaynaklanan oksidasyon direncinden dolayı kimyasal ve termal kararlılık gibi özelliklere sahiptirler. Genel olarak termal ve elektriksel yönden yalıtkandırlar.

Modern termoelektrik materyaller olarak kullanılan BiTe, SiGe, PbTe dejenere yarıiletkenler olup yüksek mobiliteye sahiptirler. Ancak Te, dünyada nadir bulunan bir element olmasının haricinde zehirli ve kolay buharlaşabilen bir maddedir. Bu yüzden BiTe ve PbTe uygulamaları sınırlı olmaktadır. Oysaki oksit yarıiletkenler yüksek sıcaklıklarda kimyasal kararlılığa sahip olup oldukça geniş bir alanda kullanım olanağına sahiptirler (Terasaki, 2005).

Geleneksel termoelektrik malzemelere göre oksit yapılı malzemelerin birçok avantajı mevcuttur. Bu oksit tabanlı maddeler çevreyi kirletmeyen, zehirli olmayan, hava ortamında vakumsuz olarak kolayca üretilebilen, oksijenli bir ortamda yüksek sıcaklıklarda uzun süre bozulmadan çalıştırılabilen maddelerdir (Li,2011).

5.2.1. ZnO yapılı Oksitler

ZnO elektronik uygulamalarında yaygın olarak kullanılan bir maddedir. Genellikle varistör ve gaz sensörleri yapımında kullanılırlar. Varistör doğrusal olmayan bir direnç özelliği gösterir yani düşük gerilimlerde akım geçirmezken çok yüksek gerilimlerde direnci hızla düşer ve elektronik devre elemanlarını korumaya yarar. Tepki süresi nanosaniye mertebesinde olup telekomünikasyon uygulamalarında yaygın bir şekilde kullanılır(Çelik, 2009). Çinko oksit geniş bant aralığına sahip *n* tipi bir yarıiletkendir. Optik bant genişliği 3,2 eV civarındadır. 1800 °C de erimeye başlar ve kimyasal olarak oldukça kararlıdır. Oksit tabanlı ve verimi yüksek olan termoelektrik maddeler genellikle *p* tipi olduğu için modül yapımında kullanılmak üzere *n* tipi oksitler önemli bir problem oluşturmaktadır. Yüksek Seebeck katsayısına sahip *n* tipi bir yarıiletken olması nedeniyle termoelektrik uygulamalarında oldukça büyük öneme sahiptir. Diğer taraftan katkısız ZnO'in düşük elektriksel iletkenlik ve çok yüksek termal iletkenliğe sahip olması önemli bir dezavantajdır. Ancak son dönemlerde yapılan farklı katkılama işlemlerinin bu olumsuz etkileri azaltarak termoelektrik kalite faktörünü (ZT) yükseltmek yönünde umut vaat ettiği görülmektedir(Feteira ve Reichmann, 2012).

Çinko oksit yapısına eklenen çok küçük miktardaki alüminyum termoelektrik özelliklerin önemli oranda değişmesine sebep olmuş, termoelektrik kalite faktörü(ZT) 800 °C için 0,2 mertebesine yükselmiştir(Ohtaki ve ark., 1996). ZnO yapısına katılan çok az miktardaki Al ve Ga termal iletkenliği belirgin oranda azaltmış bunun yanında elektriksel iletkenliğin biraz azalmasına sebep olmuştur. Diğer taraftan bu ikili katkı, termoelektrik gücün artmasını sağlayarak ZT değerini 975 °C de 0,65 seviyesine çıkarmıştır.(Ohtaki ve ark., 2009). Aşağıdaki grafikte yapılan katkılar ve elde edilen ZT değerleri görülmektedir.

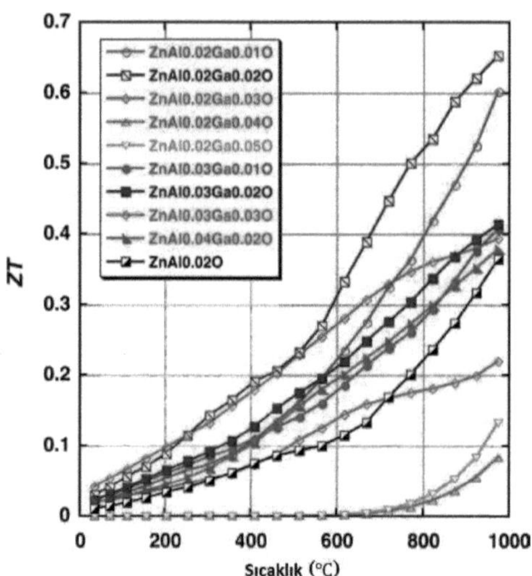

Şekil 5.3 Al ve Ga katkılanmış çinko oksitin kalite faktörünün sıcaklıkla değişimi (Ohtaki ve ark.,2009)

Formülü $In_2O_3(ZnO)_k$ ile verilen In-Zn-O bileşiği benzer şekilde araştırılan önemli bir termoelektrik maddedir. Bu bileşiğin katmanlı bir yapıya ve doğal düzenli bir örgüye sahip olması Na ve Ca bazlı katmanlı kobalt oksit yapısına benzemektedir. Bu yapıdaki kobalt oksit bileşikleri yüksek elektriksel iletkenlik, düşük termal iletkenlik ve *p* tipi bir yarıiletken özellik göstermektedir (Hopper ve ark.,2011).

5.2.2. Perovskite ve Perovskite ilişkili Oksitler

Genellikle ABO_3 formülü ile tanımlanan bileşiklere perovskite yapılı bileşikler denir. Perovskite yapılı bileşiklerin büyük çoğunluğu kalsiyum titanat ($CaTiO_3$) ile aynı yapıya sahiptir ancak en çok bilinen perovskite yapılı bileşik olan stronsiyum-titanat ($SrTiO_3$) kübik bir yapıya sahiptir. Sahip olduğu basit kübik yapının örgü sabiti a= 3,905 Å mertebesindedir. Bu yapı sıkı örgülü SrO_3 katmanlarından ve ¼ oranında sekiz yüzlü boşlukları dolduran Ti katyonlardan oluşur. Bu yapı kimyasal açıdan oldukça esnektir. Çünkü yapıda bulunan Sr^{2+} ve Ti^{4+} iyonları benzer iyonik yapıdaki başka iyonlar ile yer değiştirebilir. Donör olarak katkılanan iyonlar Sr ve Ti'dan daha yüksek yüke sahip olabilirler, örneğin Sr^{2+} yerine La^{3+} ya da Ti^{4+} yerine Nb^{5+} gelebilir. Tek kristalli ve donör katkılı bir seramik veya epitaksiyel ince film yapıdaki stronsiyum titanat, termoelektrik özellikler açısından umut vadeden sonuçlar vermektedir. Bazı araştırmacılar stronsiyum-titanat bazlı oksit formların, yüksek sıcaklıktaki kararlı elektronik özellikleri nedeniyle *n* tipi termoelektrik materyal ihtiyacını karşılayabileceğini ifade etmektedirler. Stronsiyum-titanat bileşiminde bulunan bütün maddeler doğada bol miktarda bulunduklarından ekonomik açıdan ilgi uyandırmaktadırlar(Feteira ve Reichmann, 2012).

Tek kristalli stronsiyum titanatın oda sıcaklığındaki termoelektrik kalite faktörü(ZT), 0,1 civarında iken1000 K deki kalite faktörü ise yaklaşık ZT=0,27 dir. Nb katkılı $SrTiO_3$'in kalite faktörü 1000 K de 0,37 ve La katkılı yapının kalite faktörü ise 937 K de 0,21 dir. $SrTiO_3$ yüksek termoelektrik güç faktörüne sahip olmasına rağmen çok büyük termal iletkenliğe sahip olması pratik uygulamalarını engellemektedir(Lee ve ark, 2009).

5.2.3. Katmanlı Kobalt Oksitler

Oksit yarıiletkenlerin birçoğu düşük mobiliteye sahiptir ve bu nedenle termoelektrik aygıtlarda kullanılma olasılığı çok düşüktür. Her ne kadar sahip olduğu bu elektriksel özellikler belirli bir dönem onların termoelektrik madde olarak düşünülmesine engel olsa da, $Na_xCo_2O_4$ tek kristalinin düşük elektriksel özdirence ve yüksek termoelektrik güce sahip olduğunun keşfi ile birlikte bazı oksit türlerinin termoelektrik madde olarak kullanılabileceği düşüncesi ortaya çıkmıştır(Koumoto ve ark. 2003). İlerleyen yıllarda katmanlı $Na_xCo_2O_4$ serisi ürünler kayda değer ZT değerleri ile termoelektrik araştırmalarında önemli bir konuma yükselmiştir. Bu termoelektrik sistemlerin özelliklerini belirleme konusunda sayısız teorik ve deneysel çalışma yapılmıştır (Li, 2011).

Daha sonra yapılan çalışmalarda $Na_xCo_2O_4$'in katmanlı yapısına oldukça benzeyen ve yüksek termoelektrik özellikler gösteren $Ca_3Co_4O_9$ ve $Bi_2Sr_2Co_2O_y$ serisi ürünler geliştirilmiştir. Katmanlı kobalt oksitlerin kristal yapıları Şekil 5.4 de gösterilmektedir. Katmanlı yapıya sadece kobalt oksit bileşikleri değil bazı geçiş metal oksitleri de sahiptir. Ancak Şekil 5.5 de görüldüğü gibi katmanlı yapıya sahip $NaCo_2O_4$ çok iyi bir termoelektrik performans göstermektedir.

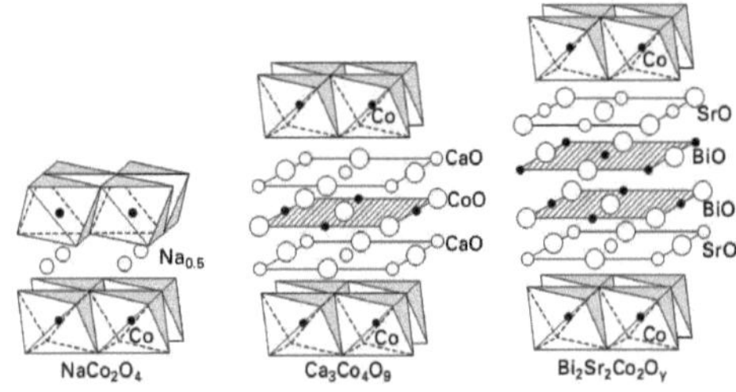

Şekil 5.4 Katmanlı kobalt oksitlerin kristal yapıları (Terasaki,2004)

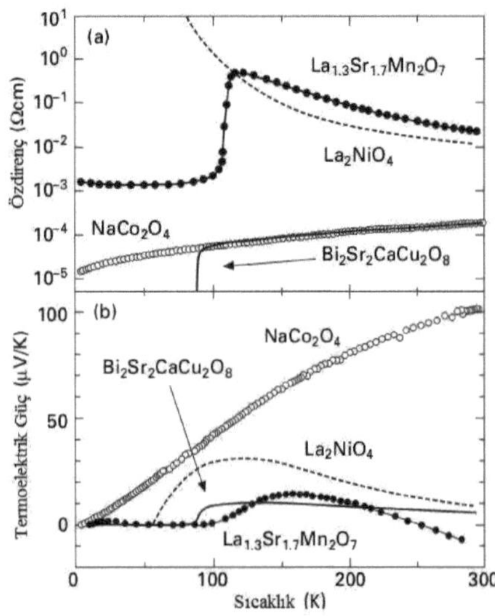

Şekil 5.5 Katmanlı geçiş metal oksitlerin termoelekrik özellikleri (Sorrel,2005)

Katmanlı kobalt oksitlerin olağanüstü yüksek termoelektrik özellik göstermesinin sebebi hekzagonal CoO_2 yapısından kaynaklanmaktadır.

Tüm geçiş metal oksitlerin iyi termoelektrik materyaller olabileceğini belirtmekte fayda vardır. Çeşitli katmanlı geçiş metal oksitlerin özdirençleri ve termoelektrik güç grafikleri Şekil 5.5te verilmiştir. Grafikten görüldüğü gibi katmanlı Co oksit $Na_xCo_2O_4$, katmanlı bakır oksit $Bi_2Sr_2CaCu_2O_8$(bir T_c sıcaklığında süper iletken davranışı gösterir)gibi düşük özdirenç gösterir. Oysaki katmanlı NiO ve MnO yapıları yüksek özdirenç gösterirler. Katmanlı kobalt oksit yapısının diğer oksit yapılarına göre gösterdiği termoelektrik farklılık dikkat çekici bir davranıştır.$NaCo_2O_4$ oda sıcaklığında 100 μV/K termoelektrik güç gösterirken katmanlı Cu, Ni ve Mn oksitler 1-10 μV/K aralığında oldukça küçük bir termoelektrik güç gösterirler. Böylelikle katmanlı Co oksitin en garip özelliği olağan dışı yüksek termoelektrik özellik göstermesidir.

5.3. Katmanlı Kobalt Oksitin Fiziği

Koshibae, Tsutsui ve Maekawa (2000) büyük termoelektrik gücün kökeni olarak geçiş metal oksitleri için genişletilmiş Heikes formülünü aşağıdaki gibi önermişlerdir.

$$S = \frac{k_B}{C}\log\frac{g_A}{g_B}\frac{p}{1-p} \tag{5.3}$$

Burada C, A ve B iyonları arasındaki yük farkını, g_A ve g_B, A ve B iyonlarının elektron konfigürasyonu dejenerasyonunu, p ise A iyonunun atomik katkısını ifade etmektedir. Denklem5.3 'ün $k_B \log\frac{g_A}{g_B}\frac{p}{1-p}$ kısmı, taşıyıcı başına entropiye eşittir.

Şimdi yukarıdaki ifadeyi $NaCo_2O_4$ için irdeleyebiliriz. $NaCo_2O_4$ içindeki Na ve O atomlarının Na^+ ve O^{-2} iyonları şeklinde bulunduğu kabul edilirse, kobalt iyonlarının Co^{3+}:Co^{4+}=1:1 oranında olmasını beklenebilir. Bu durumda atomik katkı p, $NaCo_2O_4$ için 0,5 dir ve denklem basitçe $S = \frac{k_B}{C}\log\frac{g_A}{g_B}$ şeklinde indirgenir. Manyetik ölçümler, $NaCo_2O_4$ içindeki Co^{3+} ve Co^{4+} iyonlarının düşük spin durumunda olduğunu göstermiştir. Şekil 5.6 'nın üst kısmında gösterildiği gibi Co^{3+}ün düşük spin konfigürasyonu, entropisi sıfır olan $(t_{2g})^6$dır. Diğer taraftan Co^{4+} ün düşük spin durumu, $k_B log6$ ile verilen büyük bir entropi taşıyabicek şekilde altı katlı dejenerasyona sahip (2 kat spinden 3 kat dat_{2g}orbitalinden olmak üzere) t_{2g} durumunda bir deşiğe sahiptir. Şekil 5.6 nın alt kısmında görüldüğü gibi Co^{4+}ile Co^{3+} iyonları arasındaki değişim sonucu elektrik iletimi oluşur. Böylelikle Co^{4+} üzerindeki bir deşik

$k_B log6$ entropili bir $+e$ yükü taşıyabilir ki bu $k_B log6/e$ ile verilen büyük bir termoelektrik güç değerine (~150 μV/K) sebep olur. Dejenere yarıiletkenlerdeki taşıyıcılar iç serbestlik derecesine sahip olmadıklarından, entropi yalnızca kendi kinetik enerjileri aracılığı ile taşınabilir. Dolayısıyla $NaCo_2O_4$ içindeki bir deşik, dejenere bir yarıiletkenlerden çok daha fazla entropi taşıyabilir ki bu termoelektrik materyaller için yeni tasarımlara yolaçar(Terasaki ve ark., 2002).

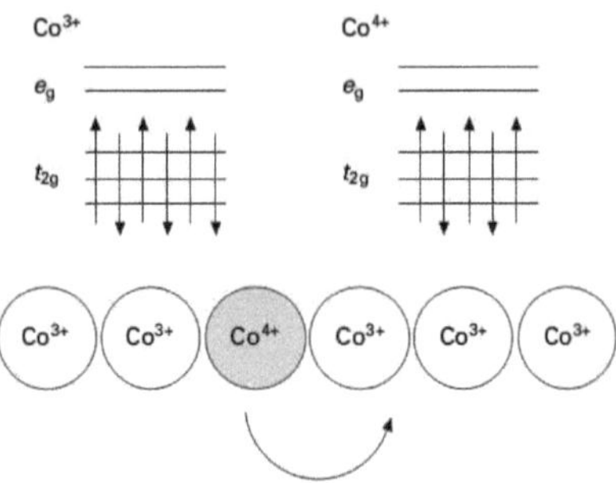

Şekil 5.6 Katmanlı kobalt oksitin elektronik yapısı ve elektrik iletimi (Terasaki ve ark., 2002)

Koshibae 'nin teorisi, $NaCo_2O_4$ 'in termoelektrik gücünü yüksek sıcaklık sınırında başarılı bir şekilde açıklamasına rağmen arta kalan problem hiç de basit değildir. $NaCo_2O_4$ 'in termoelektrik gücü 300 K sıcaklığında 100 μV/K dir. Ancak bu değer $k_B log6$ 'nın 2/3 'ü kadardır. Bu durum yüksek sıcaklık sınırından ~10^4 K den 10^2 K sıcaklıklarına kadar $k_B log6$ 'nın entropisinin büyük miktarının geçerliliğini koruduğu anlamına gelmektedir. $NaCo_2O_4$ 'in 2 K den 1000 K 'e kadar yapısal, elektriksel ve manyetik bir geçiş yapmaması önemli bir durumdur. Genellikle kuvvetli bir şekilde ilişkili olan sistemlerde alıntı başına düşen aşırı entropinin serbest bırakılması amacıyla çeşitli faz geçişleri oluşur. Eğer bütün faz geçişleri durdurulmuş ise büyük miktardaki entropi kaçınılmaz bir şekilde iletkenlik taşıyıcıyı işaret etmektedir (Terasaki ve ark., 2002).

6. NANOKOMPOZİT SERAMİKLERİN ÜRETİM YÖNTEMLERİ

Birden fazla aynı veya farklı tür malzemenin bir araya getirilmesiyle elde edilen, yeni üstün özellikler taşıyan malzemelere "kompozit malzeme" denilmektedir. Kompozit malzeme oluşturmadaki amaç; fiziksel, mekanik, termal ve elektriksel olarak daha dayanıklı ve istenen davranışları gösteren yapılar oluşturabilmektir. Eğer oluşturulan yeni yapıda bileşenlerden en az bir tanesi nano boyutta ise oluşan kompozit yapı "nanokompozit malzeme" olarak tarif edilmektedir. Birbirlerinden farklı özellikler taşıyan bu malzemelerin bir araya gelerek oluşturdukları yeni yapı çok daha farklı özelliklere sahiptir(Ray ve Okamoto, 2003).

Seramik bir veya birden fazla metalin, metal olmayan element ile birleşmesi ve sinterlenmesi sonucu oluşan inorganik bileşiklere verilen genel bir isimdir. Seramik grubuna oksitler, nitritler, boridler, karbitler, silikatlar ve sülfidler girmektedir.

6.1. Katı Sentez Yöntemi

Seramik malzemeler genel olarak klasik seramik üretim tekniği olan oksitlerin karışımı yöntemiyle üretilir. Bu yöntemde küçük taneciklerin üretimi, büyük olanların mekanik kuvvetler yardımıyla küçültülmesi esasını içerir. Ezme, öğütme ve ufalama seramik tozlarının üretiminde kullanılır. Bununla birlikte bazı metal ve metal alaşımlarının üretilmesi içinde kullanılabilir. Bu yöntemde stokiyometrik oranda tartılan tozlar öncelikle bir değirmende karıştırma ve öğütme işlemine tabi tutulur. Karıştırma ve öğütme işlemi Al_2O_3 veya ZrO_2 seramik bilye ya da metalik bilye kullanılarak kuru ortamda yapıldığı gibi, genel olarak sıvı ortamda gerçekleştirilir(Evcin,2013).

Karıştırma ve öğütme işleminden alınan karışım, kurutma işlemine tabi tutulur. Yüksek oranda büzülme kurutmanın başlangıç aşamasında parçacıklar arasındaki suyun buharlaşması sonucu oluşur. Kurutma sırasında sıcaklık ve nem; gerilim, çarpılma veya çatlak oluşumunu minimize etmek için dikkatli bir şekilde kontrol edilir. Kurutma işleminden sonra tozlar genel olarak kalsinasyon işlemine tabi tutulur.

Kalsinasyon işleminden sonra, seramik tozlar şekillendirme işlemine tabi tutulur. En yaygın kullanılan yöntemlerden biri çelik veya sert metal kalıp içerisinde farklı basınçlarda eksenel preslemedir. Kurutulmuş olan karışım uygun dayanıma sahip ham tabletler oluşturmak için sıkıştırılır. Sıkıştırma sonrası tabletler kalıptan çıkarılabilecek yeterli mukavemete sahiptir. Şekillendirme sonrası elde edilen tabletler sinterleme işlemine tabi tutularak seramik malzeme üretilir (Zorlu, 2009).

6.2. Sol – Jel Yöntemi

Sol-jel sentez yöntemi, geniş bir yelpazede organik, inorganik veya organik-inorganik çok gözenekli yapıların yaygın bir hazırlanma stratejisidir. Genellikle sol-jel sentez yöntemi, koloidal bir süspansiyonun(sol), inorganik ağlar yoluyla sürekli bir yapı oluşturma sürecini içerir ve solüsyonun jel hale dönüşmesi ile sürekli bir sıvı faz formunda ağsı yapı oluşturur.

Sol-jel işlemi her zaman öncü bir başlangıç malzemesi olan su ve katalizör seçimi ile başlatılır. Başlangıç maddesi, koloidal parçacıkların oluşumuna yol açan kimyasal reaksiyonların oluşumunu sağlar. Bu öncü çözelti içinde istenen malzemeyi oluşturacak metal ve benzeri moleküller bulunur. En popüler metal içeren kimyasallar hâlihazırda su ile reaksiyona girebilen alkoksitlerdir(Avcıata, 2009). Polimerlerin direkt olarak kullanıldığı öncü solüsyonlarda genellikle metal içeren asetatlar kullanılır (Pierre,1998).

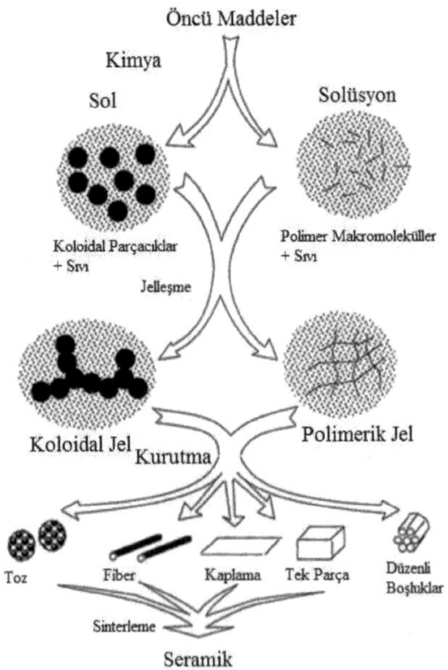

Şekil 6.1 Sol – jel üretim yöntemi (Pierre, 1998)

Suyun ortamda olması başlangıç maddesinin tüm hidroliz ve çoklu yoğunlaşmasına sebep olur. Ayrıca su yoğunlaşmanın bir yan ürünüdür ve dolayısıyla su ters yönde işleyen reaksiyonun oluşmasını sağlar.

Reaksiyonun hızı, oda sıcaklığında elverişsiz bir şekilde yavaş olur ve reaksiyonun tamamlanması sıklıkla birkaç gün gerektirir. Bu nedenle, ilgili solüsyona katalizör olarak asit yada baz eklenir. Katalizörün tipi ve miktarı, son ürünün mikro yapısı, fiziksel ve optik özelliklerinde anahtar bir rol oynar. Katalizör başlangıç maddesinin hidrolizinin daha eksiksiz olmasını teşvik eder. Çeşitli mineral ve karboksilik asitler katalizör olarak soljel sentez için kullanılabilir.

Polimerizasyon sonucunda katıya dönüşen yapı, öncü madde içinde bulunan metal atomları (M) arasındaki M–OH–M yada M–O–M köprülerini içerir. Bu tür dönüşümler organik kimyada iyi bilinen ve organik maddede bulunan karbon atomları arasında direkt bağların oluşmasına dayanan polimerizasyon sürecine eşdeğerdir. Genellikle oksitlerden oluşan inorganik jeller, sistemin ilk basamağında hazırlanan ve birbirinden bağımsız (bir mikrometrenin altında nano boyutta) katı koloidal parçacıklardan oluşturulur. Her bir koloidal parçacık Şekil 6.2 de gösterildiği gibi yapı içerisinde az yada çok yoğun bir çapraz bağa sahiptir. Böyle parçacıkların çözücü içerisinde dağınık yapısını sağlamak genellikle kolaydır ve bu koloidal süspansiyon sol olarak adlandırılır. İşlemin ikinci basamağında böyle koloidal parçacıklar çözelti içerisinde birbirleri ile jel adı verilen üç boyutlu ızgara benzeri bağlar kurarlar(Pajonk, 1995).

6.2.1. Sol

Sol, taşıyıcı bir sıvı içinde Brownian hareketi yapan koloidal parçacıkların dispersiyonudur. Koloidal parçacıklar 1nm ile 1µm arasında doğrusal boyutlara sahiptir(Shaw, 1992). Parçacıklar büyüklük oranına göre üç kategoriye ayrılır. Bu parçacıklar, bir maddenin bölünmüş parçaları olabileceği gibi gerçek makro moleküller (proteinler) ya da hem makro moleküllerden hem de küçük parçalarından olabilir. Bu parçacıklar maddenin bölünmüş parçalarından oluşuyorsa iki termodinamik faz vardır ve sol, liyofobik (sıvı sevmeyen) ve ya ana çözücü olarak su kullanılıyorsa hidrofobik (su sevmeyen) olarak adlandırılır.

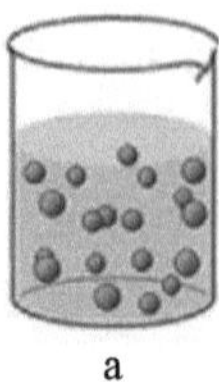

a

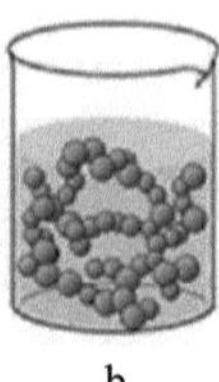

b

Şekil 6.2 Sol-jel sentez, (**a**) sol, (**b**) jel

6.2.2. Jelleşme

Jelleşme, hidroliz ve yoğunlaşma reaksiyonları sonucu silika sol parçacıklar arasında bağlar oluşması ile meydana gelir. Bu jel yapısı kabın içerisindeki bütün sıvı boyunca büyük kümelenmeler şeklinde geniş bir yüzey oluşturur. Karışım bu noktada kap devrilse bile akmayacak kadar yüksek viskoziteye sahiptir. Çoğu sol parçacık onları kapsayan kümeler içinde hapsedilmiş ve dolaşmış bir şekilde yine eski formundadır. Bu ilk jel yüksek viskoziteye sahip olmasına rağmen düşük elastik bir yapıya sahiptir. Jelleşme noktasında koloidal parçacıklar endoterm, ekzoterm veya herhangi bir kimyasal değişikliğe uğramamıştır, sadece viskozite aniden yükselmiştir.

Jelleşmeden sonra izole durumdaki sol parçacıkların kimyasal kalıntıları daha fazla çapraz bağlar oluştururlar ve bu durum örneğin elastik davranışını arttırır. Jelleşme noktasının tam ifadesi solüsyonun hazırlandığı andan akışkanlığını yitirdiği ana kadar olan zaman aralığıdır (Colby ve ark., 1986). Yoğunlaşma reaksiyonları tarafından oluşturulan inorganik ağlar, yalnızca bireysel reaksiyonların tam oranına bağlı olmayıp aynı zamanda hidroliz ve yoğunlaşma reaksiyonlarının bağıl oranına da bağlıdır (Livage ve ark.,1988).

6.2.3. Jel

Jel yapısı, 3 boyutlu birbirine bağlı çok gözenekli yarı-katı ağsı yapıdan oluşur ve sadece kap büyüklüğünce sınırlı olup sıvı ortam boyunca stabil bir şekilde genişler. Jelin doğası katı ağ ve sıvı taşıyıcının bir arada olmasına bağlıdır. Sıvı, jel oluşturan katı ağ örgü arasında yer alır, kendiliğinden akmaz ve katı ağ ile termodinamik dengededir. Jel, bir bıçakla kolayca kesilebilecek yumuşak bir materyaldir. Sonunda sıvı faz çıkarıldığında kuru jel (xerogel) yada köpük (aerogel) oluşur ki, bu durum kurutma şartlarına bağlıdır.

Jel yapıları, jel ağının yapısına göre koloidal ve polimerik jeller olmak üzere ikiye ayrılır.

***Koloidal jel*:** Bir araya toplanmış veya yoğunlaşmış, sıvı faz tarafından çevrelenen 3 boyutlu ağsı bir yapıda, koloidal parçacıkları (1-1000 nm) içeren sistemlere koloidal jel denir.

***Polimerik jel*:** Bunlar ayırt edilemez bireysel parçacıkların çok dallı makro moleküllerin süspansiyonu olarak kabul edilirler. Eğer katı ağ, koloidal parçacıklardan daha küçük kimyasal yapılardan oluşuyorsa bu durumdaki jel yapı polimerik jeldir. Flory'nin tanımına göre bir veya birden fazla temel birimin oluşturduğu ve sürekli tekrarlayan molekülleri ihtiva eden grup yapısına polimer denir(Flory,1974). Bu makro moleküller su-alkol-asit gibi bir çözücüde çözündüğünde molekül zincirleri bireysel parçacıklara dönüşür. Polimerlerden oluşturulmuş öncü solüsyon, bireysel parçacıkların tek tek ara oluşumu olmaksızın direkt olarak jele dönüşür.

6.2.4. Sol – Jel Sentezin Avantajları

Sol-jel sentez modern materyal biliminin ilgilendiği araştırmalardan biridir. Bu metod materyallerin tozlardan üretildiği geleneksel sentez yöntemine göre birçok avantajı olan bir sentez yöntemidir ve yaygın olarak kullanılmaktadır (Khimich, 2004). Sol jel sentez yönteminin avantajları:

- Başlangıç maddesi olan metal oksitlerın saflaştırılması oldukça kolaydır.
- Çok bileşenli sistem içerisinde homojenlik yüksek derecededir.
- Koloidal parçacıkların yüksek yüzey enerjilerine rağmen sinterleme için harcanan enerji daha azdır.
- Nano-kristal sistemlerin oluşturulması geleneksel metotlara göre daha muhtemeldir.
- Hazırlama teknolojisi alanında yeterince büyük miktarda bilgi bulunmaktadır.

6.3. Elektro- Eğirme Üretim Yöntemi

Elektro-eğirme, polimer esaslı jellerin elektrik alan etkisiyle nano çapta elyaf üretim tekniğidir (Uslu, 2010). Elektro-eğirme tekniği, son zamanlarda nano boyutta lif üretimi için en sık kullanılan yöntemdir (Reneker ve ark., 2000; Fong ve ark., 2002; He ve ark., 2004). Elektro-eğirme yöntemi ile 100 nm-5 μm yarıçaplı lifler üretilebilmektedir (Srinivasan ve Reneker, 1995; Deitzel ve ark., 2001). Bu yöntemle üretilen lifler klasik yöntemle üretilenlerden yüz kez daha küçük yarıçapta olabilmektedir (Shin ve ark., 2001; Xiangdong ve ark., 2004; Katz, 1992).

Elektro-eğirme yöntemi ile üretilen nano boyuttaki liflerin gelişmiş mekanik özelliklerinin yanı sıra, yüzey alanları oldukça yüksek olmakta, bu nedenle doku mühendisliği, sensörler, yüksek özellikte (yanmayan vb) tekstil kumaşlar, çok amaçlı filtreler, nanokompozit maddeler, kontrollü salınımlı ilaç üretimi gibi değişik alanlarda kullanılmaktadır (Huang ve ark., 2003; Srinivasan ve Reneker, 1995; Deitzel ve ark., 2001; Shin ve ark., 2001).

Şekil 6.3'de görüldüğü gibi elektro-eğirme sisteminin temelde 3 bileşeni vardır: (i) yüksek voltaj güç kaynağı, (ii) kapiler tüp ve (iii) metal malzemeden yapılmış bir toplaç.

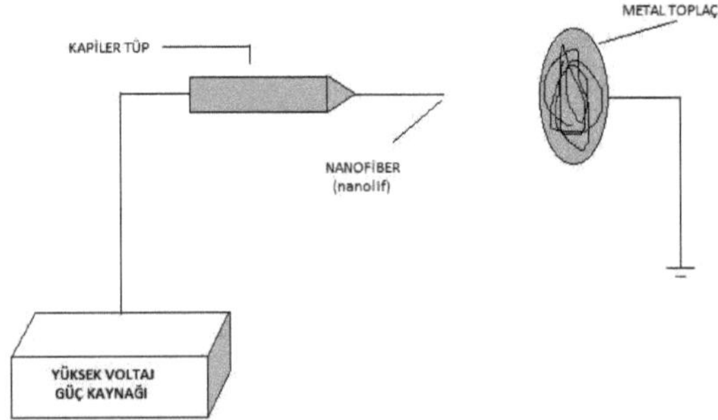

Şekil 6.3. Kapiler tüplü elektro-eğirme sistemi

Kapiler tüp içinde elyaf haline getirilecek polimer çözeltisi vardır ve bu çözelti güç kaynağından gelen metal elektrot ile temas halindedir. Metal toplaç ile kapiler tüp arasına uygulanan yüksek voltaj kritik değere ulaştığında, tüpün ucunda asılı bir damlacık olarak duran çözelti, jet biçiminde ve elektriksel olarak yüklenmiş olarak toplaca doğru hareket etmeye başlar. Şekil 6.5'te tüpün ucunda elektriksel olarak yüklenmiş ve damlacığı dağıtmaya çalışan elektrostatik kuvvetlerle damlacığı bir arada tutmaya çalışan yüzey gerilim kuvvetlerinin denge hali görülmektedir. Damlacık üzerine uygulanan DC gerilim yüzey gerilim kuvvetlerini yenebilecek değere ulaştığında, polimer nanolifler şeklinde tüpün ucundan toplaç üzerine ulaşacaktır. Tüp ucundan çıkan jette elektrostatik itme kuvvetlerinden dolayı kıvrılma hareketi gözlenir. Bu jet, kıvrılma hareketinin ve jet içindeki çözücünün buharlaşmasıyla iyice incelir ve toplaçta nano boyutta rasgele olarak lifler halinde birikir.

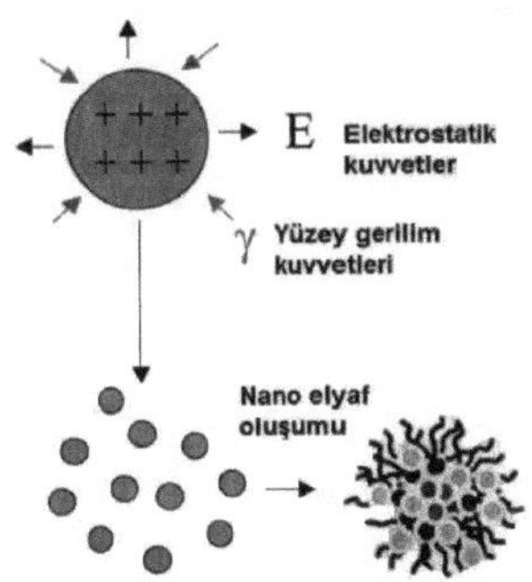

Şekil 6.4. Yüzey gerilim, elektrostatik kuvvetler ve nanolif oluşumu(Uslu, 2010)

Şekil 6.4'te görüldüğü gibi eğer elektrostatik kuvvetler yüzey gerilim kuvvetlerinden fazla ise şırınga ucundaki damlacık nano boyutlarda binlerce damlacığa bölünürken oluşan lifler toplaçta toplanır ve örümcek ağı biçiminde bir örgü oluştururlar (Gündüz ve ark., 2006; Reneker ve ark., 2000). Voltajın kritik değere ulaşmasından hemen önce, yani elektriksel itme kuvvetleri yüzey gerilimini yenmeden az önce, damlacık ucunda koniye benzer bir şekil oluşur (Fong ve ark., 2002; He ve ark., 2004). Bu şekle "Taylor konisi" adı verilmektedir. Şekil 6.5'de polimer damlasının artan voltaj etkisiyle yarı küresel damladan Taylor konisine geçişi, Taylor konisindeki şekli ve Taylor konisinden bir jet halinde çıkısı verilmiştir.

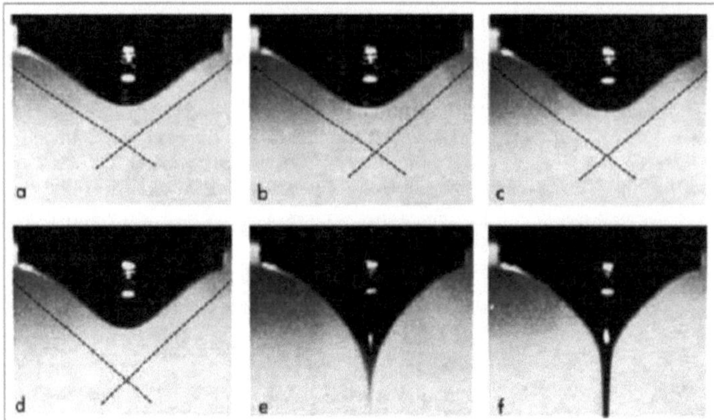

Şekil 6.5. Kılcal Boru Ucundaki Damlanın İlerleyerek Artan Voltaj Etkisiyle Taylor Konisi ve Jet oluşumu, Taylor Konisi açılarına göre (a) 110° (b) 107° (c) 104° (d) 100°(Larrondo ve Manley, 1981)

Polimer damlası Taylor konisi halini aldıktan sonra voltajdaki çok küçük bir artışla birlikte koni ucundan bir jet fışkırır (e). Jet toplayıcı levha ile metal iğne ucu arasında ilerlerken farklı yollar izler. Yüklenen jet Taylor konisinden çıktıktan sonra belli bir mesafede kararlı bir şekilde hareket eder. Daha sonra jette kararsızlık hali belirir. Kullanılan polimerin çözeltisi veya eriyiğinin özelliğine ve sistem değişkenlerine bağlı olarak değişebilen üç kararsızlık hali mevcuttur. Jet bu kararsızlık hallerinden sadece birini gösterebileceği gibi üç kararsızlık halini de gösterebilir.
Bu kararsızlık halleri;

i) Klasik Rayleigh kararsızlığı
ii) Eksenel simetrik elektrik alan akımlanması
iii) Whipping kararsızlığı.

Elektro üretim işleminde en çok görünen kararsızlık hali whippingdir. Whipping oluşumunun nedeni, jet yüzeyindeki yüklerin karşılıklı olarak birbirlerini itmesi ile meydana gelen ve yüklerin bir arada olamamalarından dolayı jette merkezden radyal bir sekilde tork oluşmasıdır. Jet toplayıcı plakaya yaklaştığında ise ana jetten ayrılan küçük jetler meydana gelir. Bu küçük jetlerin oluşmasının nedeni ise radyal yüklerin birbirini itmesi sonucu ana jetten ayrılması olarak izah edilmiştir(Shin ve ark.,2001). Jet yeterince inceldiğinde ve viskoelastik kuvvetler yeterince sönümlendiğinde yeni whipping kararsızlıkları oluşur. Bu kararsızlık haline "ikinci whipping kararsızlığı" denir. Bu olay Şekil 6.6'da gösterilmiştir.

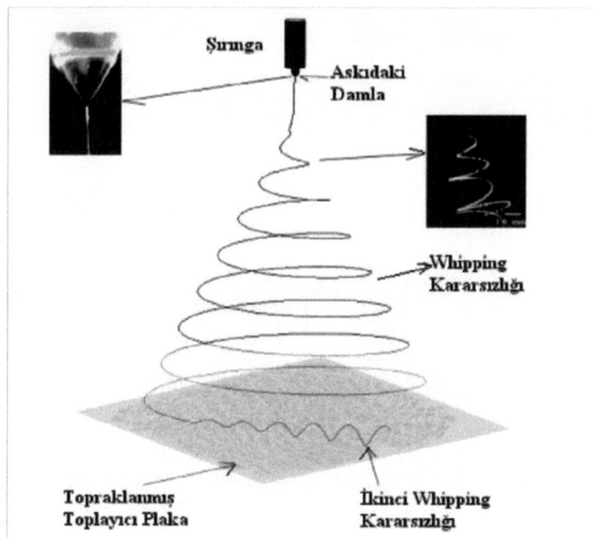

Şekil 6.6. Elektro-eğirme sürecinde Whipping Kararsızlığı ve Taylor Konisi (Shin ve ark. 2001)

Elektro üretim işlemini ilgilendiren iki kuvvet dengesi mevcuttur. İlki prosesin sürdürülmesi için gerekli olan kuvvet sistemi, ikincisi ise işlemin önünde engel teşkil eden kuvvet sistemidir. İlk kuvvet sistemi, damlanın kararlılığını bozarak damlanın deformasyona uğrayıp, damladan ince bir jet oluşmasına yardım eder. İkinci kuvvet sistemi ise sıvının uzayıp akmasına engel olarak damlayı sabitleme eğilimine sürükler.

Elektro eğirme ile nanolif üretiminde başlarda kapiler tüp kullanılmıştır. Ancak kapiler tüp ucunda oluşan polimer damlacığı daha geniş bir yüzeye sahip olduğundan bu damlacıktaki yüzey gerilimini yenmek için çok büyük voltaj değerlerine ulaşmak gerekir. Ayrıca oluşumun daha düzenli olabilmesi için polimerin belirli bir oranda sistem içerisine verilmesi gerekir(Uslu, 2010). Bu dezavantajlardan dolayı elektro eğirme sürecinde kapiler tüp yerine şırınga pompası ve ince iğne uçları kullanılmıştır. Böylece polimer istenen sürede istenen miktarda verilecek, düse ucunda oluşan damlacık oldukça küçük olacak ve eğirme işlemi daha kontrollü olacaktır. Şekil 6.7 de verilen dozaj pompalı elektro-eğirme sisteminin 4 bileşeni vardır: (i) yüksek voltaj güç kaynağı, (ii) dozaj pompası (iii) şırınga ve (iii) metal malzemeden yapılmış bir toplaç.

Elyaf elde edilecek polimer çözeltisi önce şırıngalara alınır ve dozaj pompasına yerleştirilir. Dozaj pompası istenilen akıma ayarlanır ve çalıştırılır. Yüksek voltaj kaynağı açılır. Metal toplaç ile dozaj pompası arasına uygulanan yüksek voltaj kritik değere ulaştığında, şırınganın ucunda asılı bir damlacık olarak duran çözelti, jet biçiminde ve elektriksel olarak yüklenmiş olarak toplaca doğru hareket etmeye başlar, eğirmeye başlanır.

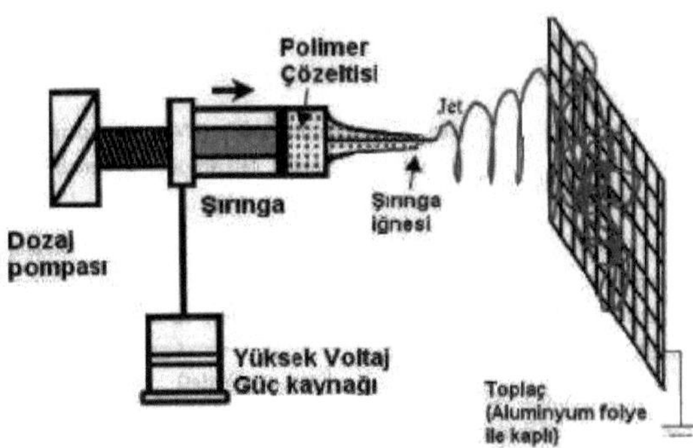

Şekil 6.7 Dozaj pompalı elektro-eğirme cihazı(Uslu,2010)

6.3.1. Lif çapına etki eden faktörler

Elektro eğirme metoduyla elde edilen nanoelyafların morfolojisini etkileyen faktörler genel olarak üç başlık altında toplanabilir:

- Çözelti değişkenleri: Kullanılan polimerin cinsi, molekül ağırlığı, çözeltinin viskozitesi, konsantrasyonu, iletkenliği, yüzey gerilimi.
- İşlem değişkenleri: Deney geometrisi, yüksek gerilim voltajı, polimerin akış hızı, toplaç ile düse arasındaki mesafe, toplaç cinsi ve hareketi.
- Çevresel değişkenler: Sıcaklık, bağıl nem, vakum gibi değişkenler.

Çözelti değişkenleri olarak en önemli özelliklerden biri çözeltiyi oluşturan polimerin cinsidir. Örneğin PAN(polyacrilonitryle) ile hazırlanmış %8 'lik bir çözelti 10 kV gerilimden itibaren düzgün bir biçimde eğirilmektedir. Ancak aynı şartlarda hazırlanmış PVA çözeltisi 15 kV ve daha yukarısı bir gerilimde eğirilmektedir.

Kullanılan polimerin moleküler ağırlığı bir diğer önemli faktördür. Yaptığımız laboratuvar çalışmalarında alınan sonuçlara göre aynı cins polimer için moleküler ağırlığı arttıkça lif çapı büyümektedir. Çözeltinin viskozitesi de önemli bir faktör olmaktadır. Viskozite bilindiği gibi sadece çözeltinin cinsine ve moleküler ağırlığına bağlı değil ayrıca çözücünün cinsine de bağlıdır. Polimerin konsantrasyonundaki değişim, çözeltiye eklenen diğer maddeler ve ortamın sıcaklığı, çözeltinin viskozitesini değiştirir. Çözelti viskozitesi fiberin çapını etkilemektedir. Kullanılan çözelti viskozitesi yüksek olduğunda fiber oluşumu zorlaşır veya gerçekleşmez ayrıca besleme ünitesinden polimerin akışı zorlaşır. Viskozitesi düşük olduğunda ise gerekli yüzey gerilimi sağlanamaz ve fiberler üzerinde boncuk oluşumu gözlenir.

Deitzel ve arkadaşları işlem değişkenlerinden olan gerilim etkisini, diğer parametrelerin sabit tutulduğu bir dizi deneyle incelenmiştir (Deitzel ve ark., 2001). Voltaj artmasıyla oluşan fiberin çapı belli bir noktaya kadar azalırken, voltajın daha fazla artışıyla fiber çapı artma göstermiştir. Bunun nedeni artan voltajdan dolayı fazla polimer çıkışıdır. Ayrıca belli bir noktadan sonra voltaj artışı fiberler üzerinde boncuk oluşmasına da neden olmuştur.

Toplayıcı ile besleme ünitesi arasındaki mesafe de elektro eğirme sürecine etki eden faktörler arasındadır. Yapılan çalışmalarda bu mesafe arttıkça fiber çapının azaldığı gözlenmiştir. Ancak belirli bir değerin üzerinde fiber oluşumu azalmış ve fiber çapı artmıştır (Kozanoğlu, 2006).

6.3.2. Elektro Üretim Yönteminde Kullanılan Düzenekler

Deneysel çalışmanın yapıldığı düzeneğe ait resim Şekil 6.8 de verilmiştir. Bu düzenek Selçuk Üniversitesi Fizik Bölümü Nanotermodinamik Laboratuvarında hazırlanmış ve ilgili deneyler yapılmıştır.

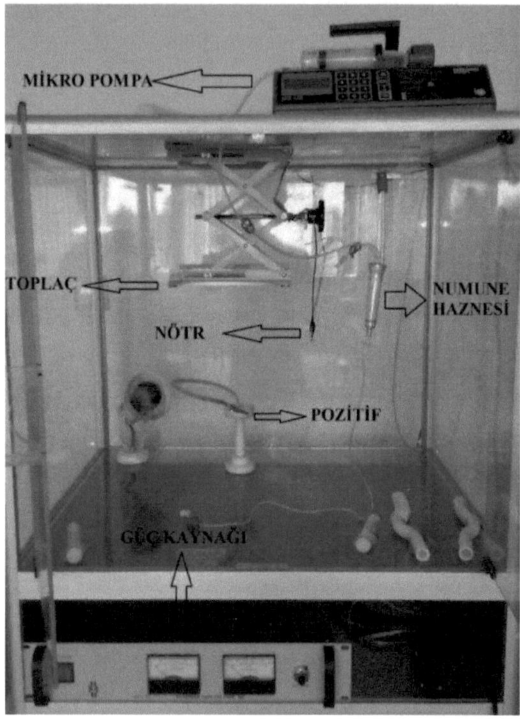

Şekil 6.8 Elektro-eğirme cihazının resmi

6.3.3. Yüksek Gerilim Güç Kaynağı

Yapılacak deneylerde kullanılmak üzere, Glassman (series EL) marka, 50 kV'a kadar voltaj uygulayabilen, DC güç kaynağı temin edilmiştir (Şekil 6.9). Kademeli olarak voltaj ayarlama imkânı mevcut olup elektro üretim deney düzeneği içerisinde, besleme ünitesine bağlanan pozitif uç ile voltaj uygulanır. Bu voltaj elektro üretim işleminde polimerin besleyici üniteden toplayıcı üniteye hareketini sağlar. Bu hareket esnasında ise lif incelir.

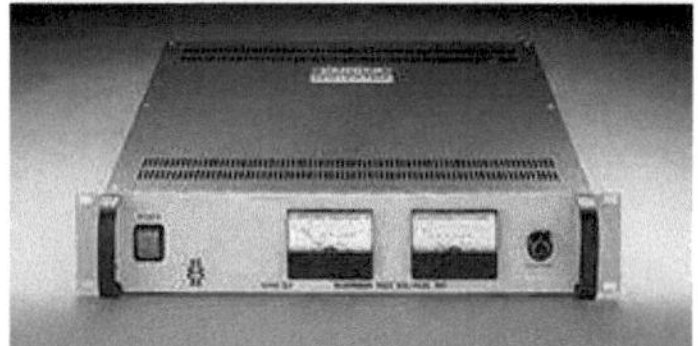

Şekil 6.9 Yüksek gerilim güç kaynağı

6.3.4. Besleme Ünitesi

Elektro üretim işleminde, besleme ünitesi olarak Perfusor Secura Ft model mikro pompa kullanılmıştır. Pompanın görevi numune haznesindeki numuneyi belli basınçta düseye iletmektir. Kaynağı ne olursa olsun, polimer oldukça hassas bir biçimde imal edilmiş dozaj pompaları tarafından sabit bir debide bir filtre ünitesinden geçirilerek her bir lif üretim birimine beslenir (Şekil 6.10).

Şekil 6.10 Besleme ünitesi (mikropompa)

6.3.5. Toplayıcı plaka

Toplayıcı plaka olarak alüminyum folyo (15 cm x 15 cm çaplarında) ile kaplanmış metal blok kullanılmıştır(Şekil 6.11).

Şekil 6.11 Toplayıcı plaka

6.3.6.Kullanılan Kimyasallar

Polivinilalkol (PVA)

Elektro üretim işlemindeki temel amaç lif elde etmektir. Ancak kullanılacak polimerin özenle seçilmesi gerekir. Polimerin çözücü maddesi ve kullanılacak maddelerle reaksiyona girip girmemesi çok önemlidir. Bu nedenle lif elde etmek için kullanılan polimer olarak Polivinilalkol (PVA) seçilmiştir.

PVA polimeri oda sıcaklığında saf su katılarak çözelti haline getirilebilmektedir. Ayrıca zehirli bir etkisi bulunmamakta, katkılanan maddelerle etkileşime geçmemekte ve iyi eğirme yapılabilmektedir. Deneyde kullanılan maddeler ile ilgili bilgi aşağıda gösterilmektedir.

Ticari Adı:	Polyvinyl Alcohol
Kapalı Formülü:	$[-CH_2CHOH-]_n$
Ortalama Moleküler Ağırlığı:	85.000 – 124.000
Temin Edildiği Firma:	Sigma Aldrich

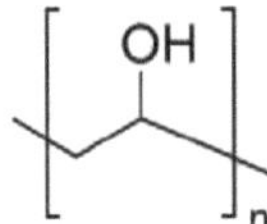

Şekil 6.12 Polivinil alkolün kimyasal formülünün sembolik gösterimi

Sodyum Asetat

Ticari Adı:	Sodium acetate – Acetic acidsodium salt
Kapalı Formülü:	CH_3COONa
Ortalama Moleküler Ağırlığı:	82.03 g/mol
Temin Edildiği Firma:	Merck

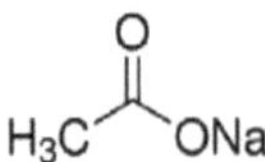

Şekil 6.13 Sodyum asetatın kimyasal formülünün sembolik gösterimi

Kobalt Asetat

Ticari Adı: Cobalt(II) acetate tetrahydrate

Kapalı Formülü: $(CH_3COO)_2Co \cdot 4H_2O$

Ortalama Moleküler Ağırlığı: 249.08 g/mol

Temin Edildiği Firma: Merck

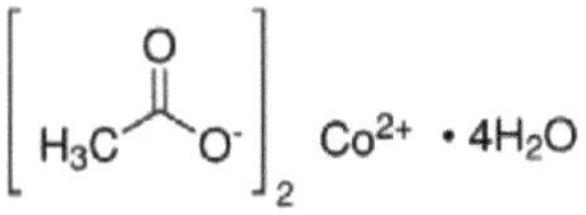

$$\left[H_3C\text{–}C(=O)\text{–}O^- \right]_2 \; Co^{2+} \cdot 4H_2O$$

Şekil 6.14 Kobalt asetatın kimyasal formülünün sembolik gösterimi

Nikel Asetat

Ticari Adı: Nickel(II) acetate tetrahydrate

Kapalı Formülü: $Ni(OCOCH_3)_2 \cdot 4H_2O$

Ortalama Moleküler Ağırlığı: 248.84 g/mol

Temin Edildiği Firma: Sigma Aldrich

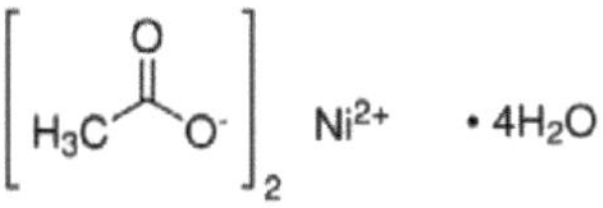

$$\left[H_3C\text{–}C(=O)\text{–}O^- \right]_2 \; Ni^{2+} \cdot 4H_2O$$

Şekil 6.15 Nikel asetatın kimyasal formülünün sembolik gösterimi

Borik Asit

Ticari Adı: Boric acid

Kapalı Formülü: H_3BO_3

Ortalama Moleküler Ağırlığı: 61.83 g/mol

Temin Edildiği Firma: Alfa Aesar

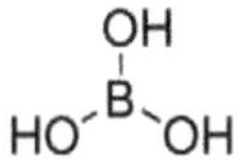

$$B(OH)_3$$

Şekil 6.16 Borik asitin kimyasal formülünün sembolik gösterimi

Yüzey Aktif Madde

Ticari Adı:	Sodium dodecyl sulfate
Kapalı Formülü:	$CH_3(CH_2)_{11}OSO_3Na$
Ortalama Moleküler Ağırlığı:	288.38 g/mol
Temin Edildiği Firma:	Sigma Aldrich

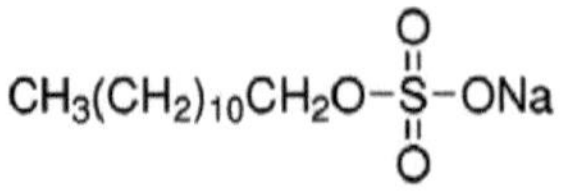

$$CH_3(CH_2)_{10}CH_2O-\overset{\overset{\displaystyle O}{\|}}{\underset{\underset{\displaystyle O}{\|}}{S}}-ONa$$

Şekil 6.17Yüzey aktif maddenin kimyasal formülünün sembolik gösterimi

6.4. Kalsinasyon İşlemi

Bir maddenin nemini, karbondioksit, hidratlar ve karbonatlar gibi uçucu maddelerini uzaklaştırmak için maddeyi erime noktasının altında ısıtma işleminin genel adıdır. Cevherin öğütülmesinden sonra faydalı hale getirmek için en çok yapılan ilk işlemlerden biridir. Eritmeden önce kükürdü uzaklaştırmak için metal cevherlerinin kavrulmasını da içine alan genişletilmiş bir terimdir.

Malzemenin yüksek sıcaklıklardaki fırınlarda, hava ortamında veya isteğe bağlı bir gaz ortamında indirgenmesi şeklinde yapılır.

Kalsinasyon işleminde, katı malzeme sıcaklık etkisiyle belli kimyasal değişimlere uğrar. Kalsinasyon işlemi sırasında, metal temel olarak oksitlenir.

$$MCO_3\,(k) \rightarrow MO(k) + CO_2\,(g) \qquad (6.1)$$

Burada M; iki değerlikli metali temsil eder ve tüm kalsinasyon reaksiyonları endotermiktir.

6.5. Sinterleme İşlemi

Sinterleme, toz halindeki malzemenin erime sıcaklığı altındaki bir sıcaklığa belli bir süre maruz bırakılarak tozların birbirlerine değdikleri noktalardan başlayarak kaynaşmasına denir. Moleküler çekim kuvvetleriyle partikül kabuğunda oluşan yüzey geriliminin sıcaklıkla azaltılıp birbirine kaynaşması, eriterek kaynaşmadan çok farklılık gösterir.

Sinterleme esnasında seramik malzemenin sağlamlığı ve dayanımı artar. Sinterleme, parçacıklar arası gözeneklerin küçülmesi ile birlikte seramik parçada ilave bir büzülmeye neden olur. Sinterlenmiş mikro yapıda dört yapının kontrol edilmesi gerekir. Bunlar tane boyutu, gözenek ölçüsü, gözeneğin şekli ve camsı yapı miktarıdır. Bu işlem sinterleme sıcaklığı, parçacıkların başlangıç ölçüleri ve temizleyicilerin kontrolü ile mümkün olmaktadır. Sinterlemenin ilk aşamasında iyonlar farklı taneler arasında köprü ve bağlantı oluşturacak şekilde tane sınırlarından ve yüzeylerinden parçacıkların temas noktalarına doğru ilerleyecektir. Daha ileri aşamada tane sınırı difüzyonu gözenekleri kapatır ve yoğunluk artışına neden olur. Bu arada gözenekler küresel şekil alır. Başlangıçtaki çok ince parçacık ölçüsü ve yüksek sıcaklıklar gözenek büzülme hızının artışına neden olur.

Gözeneklerin ileri derecede büzülüp küçülmeleri çok yavaş bir mekanizma olan hacimsel difüzyonu gerektirir. Sistem içersine dağılmış ikinci bir fazın kullanılması tane büyümesini önler ve tam yoğunluk daha kısa bir zaman dilimi içerisinde elde edilir. Sinterleme sırasında sıkça rastlanan camsı bir yapı veya ergime oluşur. Seramik yapı içeresindeki akıcılar ve safsızlıklar geride kalan karışım ile reaksiyona girerek tane sınırlarında sıvı bir faz oluşturur. Sıvı gözeneklerin yok edilmesine neden olur ve soğuma ile birlikte camsı yapıya dönüşür. Camsı fazın varlığı bağlayıcı olarak hizmet verir ve seramik bağlayıcı olarak adlandırılır (Askeland,1984).

7. DENEYSEL ÇALIŞMA

7.1. Çözeltilerin Hazırlanışı

Deneyde kullanılacak öncü solvent PVA olarak belirlenmiş, istenen numune özelliğine göre sodyum asetat, kobalt asetat, nikel asetat ve borik asitin deiyonize suda elde edilmiş çözeltileri solvente eklenmiştir.

7.2. Stok PVA Çözeltisinin Hazırlanışı

Stok solvent çözeltisi oluşturmak için 10 gr PVA, karışmakta olan 70 °C deki 90 gr deiyonize suya yavaş yavaş eklenerek kütlece %10'luk PVA – deiyonize su çözeltisi elde edilmiştir. Elde edilen karışım 80 °C sıcaklıkta 120 dakika kadar karıştırılarak PVA'nın tam olarak erimesi sağlanmış ve bu çözelti 60 dakika süreyle dinlendirilmiştir.

7.3. Katkılı Çözeltilerin Hazırlanışı

Katkı olarak eklenecek kimyasallar ve bu kimyasallara eklenen deiyonize su miktarları Tablo7.1ve Tablo 7.2 te gösterilmiştir. Burada hazırlanan numunelere eklenen kimyasal miktarları, son ürünlerin aşağıdaki gibi olması hedeflenerek belirlenmiştir.

- Numune 1 ➡ $NaCo_2O_4$
- Numune 2 ➡ $NaCo_{1,9}Ni_{0,1}O_x$
- Numune 3 ➡ $NaCo_{1,7}Ni_{0,3}O_x$
- Numune 4 ➡ $NaCo_{1,6}Ni_{0,3}B_{0,1}O_x$

Her bir numune için hazırlanan asetat karışımları, manyetik karıştıcı ile karışmakta olan 50 gr stok çözeltiye damla damla eklenmiş ve 30 dakika süreyle karıştırılmaya devam edilmiştir. Stok çözeltiye %1 oranında hazırlanmış olan yüzey aktif madde – deiyonize su çözeltisi her bir numune için 5 ml olarak damla damla eklenmiş ve bu çözelti 30 dakika süreyle karıştırılarak son numune 24 saat dinlendirilmiştir.

	NaAc	*CoAc*	*NiAc*	H_3BO_3
Numune 1	0,658 gr	4,000 gr	-	-
Numune 2	0,658 gr	3,798 gr	0,1998 gr	-
Numune 3	0,658 gr	3,398 gr	0,5994 gr	-
Numune 4	0,658 gr	3,198 gr	0,5994 gr	0,0496 gr

Tablo 7.1 Her bir numune için kullanılan asetat miktarları

	CoAc	*NaAc*	*NiAc*	H_3BO_3
Numune 1	20 ml	5 ml	-	-
Numune 2	16 ml	5 ml	4 ml	-
Numune 3	16 ml	5 ml	4 ml	-
Numune 4	14 ml	4 ml	5 ml	2 ml

Tablo 7.2 Asetat karışımları için kullanılan çözücü miktarları

7.4. Deney Düzeneği

Deneysel çalışma Selçuk Üniversitesi Fen Fakültesi Fizik Bölümü Nano-termodinamik Araştırma Laboratuvarı'nda yapılmıştır.

Elektro-eğirme deney düzeneği düşey doğrultuda üretim yapmaya olanak sağlayacak şekilde tasarlanarak deneyler yapılmıştır. Deney düzeneğinde dozaj pompası dolaylı bir şekilde kullanılarak numune haznesi ayrı olacak şekilde eklenmiştir (Şekil 7.1). Kullanılan solvent – asetat karışımının sahip olduğu yüksek elektriksel iletkenlik nedeniyle, ortaya çıkabilecek olası çarpılmaları engellemek için böyle bir yöntem tercih edilmiştir.

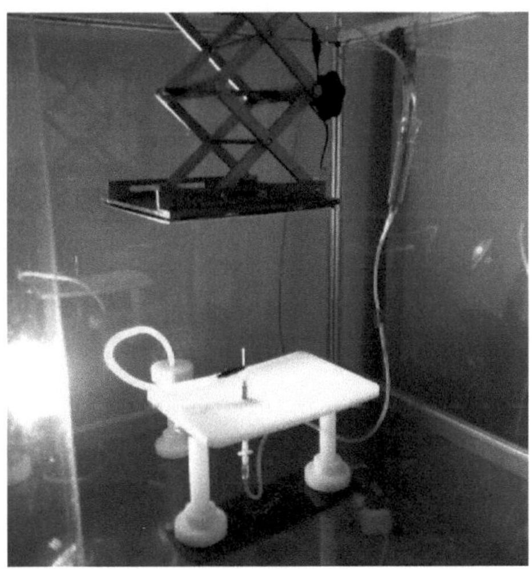

Şekil 7.1 Elektro-eğirme deney düzeneği

7.5. Elektro Eğirme İşlemi

Eğirme işlemine tabi tutulacak numuneler, aşağıdan yukarıya düşey doğrultuda olacak şekilde hazırlanmış olan elektro eğirme düzeneğine konulmuştur. Şırınga pompası 2ml/h süratle, şırınga – toplaç mesafesi 15 cm olarak seçilmiştir. Yüksek gerilim güç kaynağı 35 kV değerine ayarlanarak deneye başlanmıştır. Deney oda sıcaklığının 26 °C olduğu bir laboratuvar ortamında yapılmıştır. Elde edilen elyaf numuneler 60 °C sıcaklığındaki etüvde kurutulmuştur. Elektro-eğirme işlemi sırasında oluşan polimer jeti Şekil 7.2 de gösterilmektedir.

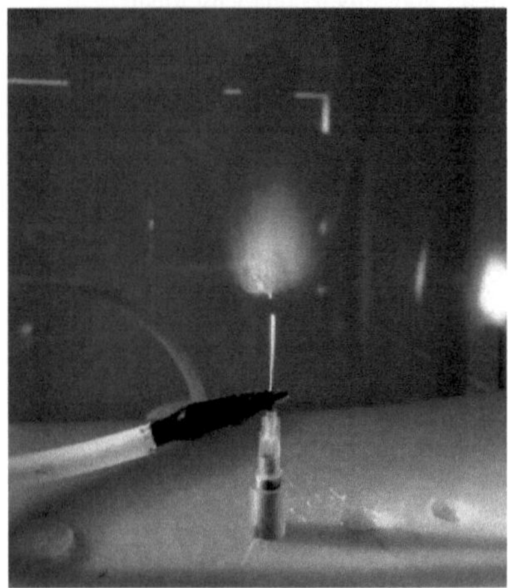

Şekil 7.2 Elektro eğirme işleminde oluşan polimer jeti

7.6. Fiberlere Isıl İşlem Uygulanması

Kurutulan fiberler, 3 basamaklı olarak ısıl işleme tabi tutulmuş, 120 dakikada oda sıcaklığından 800 °C ye çıkarılmış, 12 saat süre 800 °C de bekletilmiş ve 360 dakikada oda sıcaklığına getirilmiştir. Isıl işlem Proterm marka tüp fırında oda atmosferi koşullarında yapılmıştır. Elde edilen toz numuneler agat havanda inceltilerek soğuk pres yöntemiyle 5 mm çapında, 1mm kalınlığında olacak şekilde 10 Ton basınç uygulanarak pelet haline getirilmiştir. Peletler 850 °C sıcaklığında 12 saat süreyle oda atmosferinde sinterlenmiştir.

8. ARAŞTIRMA SONUÇLARI VE TARTIŞMA

8.1. Morfolojik Özelliklerin Belirlenmesi

8.1.1. Çözeltilerin Fiziksel Özelliklerinin Belirlenmesi

Çözeltilerin elektriksel iletkenliği Wissenschaftlich-Technische-Werkstätten (WTW), Yüzey gerilimi KRUSS Surface Tension Meter, viskozitesi AND SV-10 Viscometeraygıtlarında Tablo 6 da belirtilen sıcaklıklarda ölçülmüştür. Ayrıca numunelere yüzey aktif madde eklendiğinde yüzey geriliminin değişimini inceleyebilmek için iki ölçüm alınmıştır.

Örnek	*İletkenlik(μs/cm)*	*pH*	*Yüzey Gerilimi (mN/m)*	*Viskozite(mPa.s)*	*Sıcaklık(⁰C)*
Numune 1	10,61	6,89	63	262	32
Numune 1*	10,30	6,90	32	221	32
Numune 2	10,51	6,93	62	273	32
Numune 2*	10,23	6,90	31	201	32
Numune 3	10,48	6,89	63	260	32
Numune 3*	10,43	6,90	30	164	32
Numune 4	10,04	6,77	60	479	31
Numune 4*	9,93	6,86	30	326	31

Tablo 8.1Sıvı numunelerin fiziksel özellikleri(* Yüzey aktif madde eklenmiş numuneler)

Tablo 8.1 de görüldüğü gibi solvent içerisine eklenen katkılar arttıkça elektriksel iletkenlik azalmaktadır. Ayrıca yüzey aktif madde eklenmesi halinde yüzey gerilimi yaklaşık olarak %50, viskozite değerleri ise % 35 oranında azalmaktadır. Yüzey aktif madde eklenmeden önce eğirme gerilimi 25 kV iken eklendikten sonra 15 kV'a kadar düşmüştür.

8.1.2. Nanofiberlerin SEM Görüntüleri

Elyaflara ait SEM görüntüleri 20kV gerilimde JEOL JSM 7000 cihazı ile elde edilmiştir. Her bir elyafın 5.000 ve 20.000 büyütme olarak 2 adet görüntüsü çekilmiştir. Birinci görüntüde işaretlenen bölge, ikinci görüntüde büyütülmüştür.

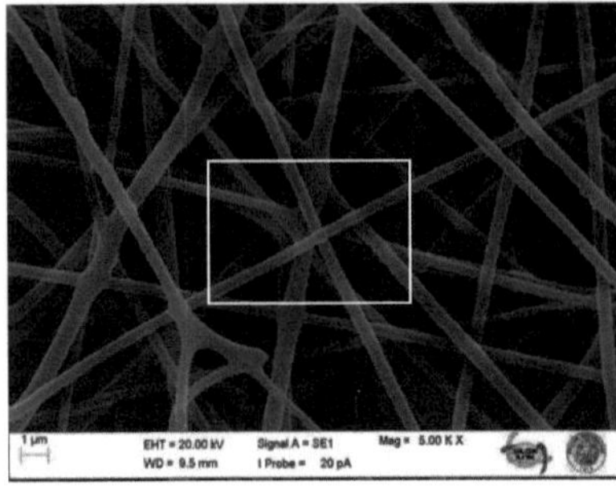

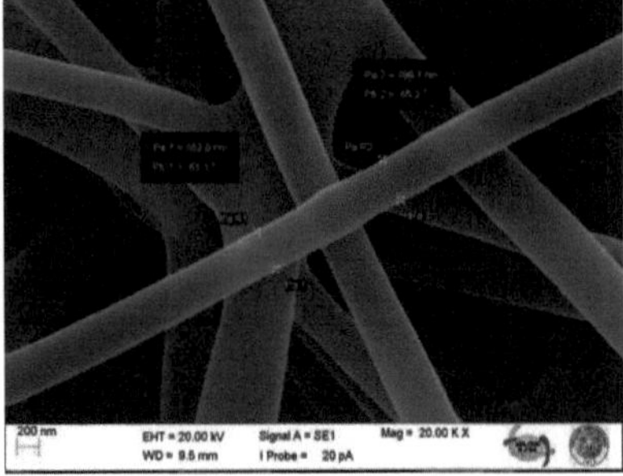

Şekil 8.1 NaAc ve CoAc eklenmiş PVA'dan elde edilen nanofiberlerin SEM görüntüleri

NaAc ve CoAc eklenen 1 numaralı numuneye ait SEM görüntüsü Şekil 8.1 de verilmektedir. Elde edilen bulgulara göre ortalama elyaf yarıçapı 390 nm dir. Yapı içerisinde damlacık oluşumu ve topaklanma görülmemektedir.

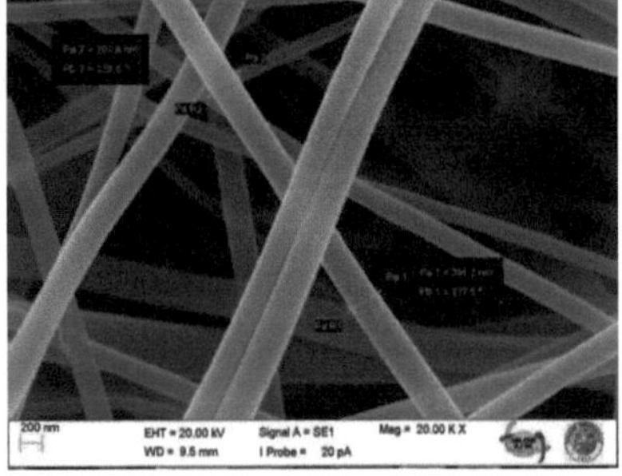

Şekil8.2 NaAc, CoAc ve NiAc eklenmiş PVA'dan elde edilen nanofiberlerin SEM görüntüleri

Numune 1'de olduğu gibi düzgün bir elyaf oluşumu tespit edilmiştir. Elyafı oluşturan nanofiberlerin ortalama çapı 280 nm civarındadır. Bu sonuca göre Ni katkısının elyaf çapını ortalama olarak % 30 oranında azalttığı görülmektedir. Herhangi bir damlacıklanma veya topaklanma tespit edilmemiştir.

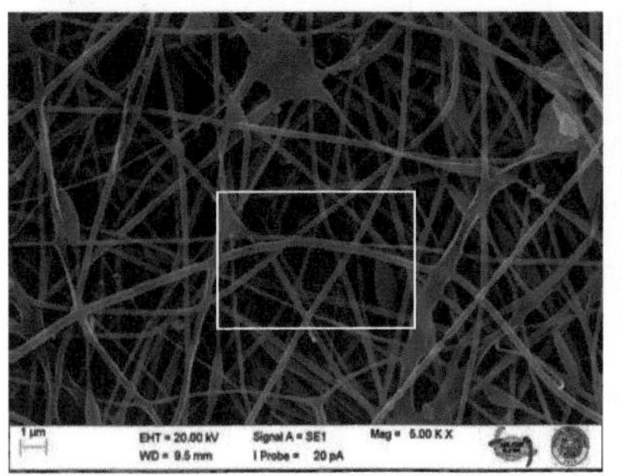

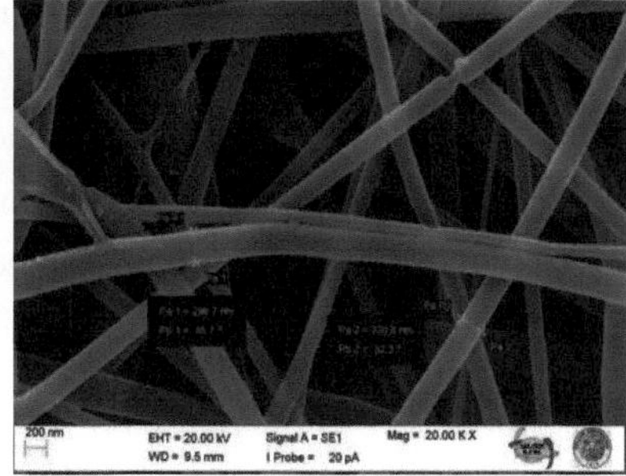

Şekil8.3 NaAc, CoAc ve NiAc eklenmiş PVA'dan elde edilen nanofiberlerin SEM görüntüleri

NaAc, CoAc ve NiAc eklenen 3 numaralı numuneye ait sem görüntüsü Şekil 8.3 de verilmektedir. Elde edilen bulgulara göre ortalama elyaf yarıçapı 260 nm dir. 2 numaralı numunede olduğu gibi Ni katkısı elyaf çapını azaltmış fakat Ni miktarının artması yapı içerisinde damlacık oluşumu üzerinde bir etki göstermezken bazı lokal bölgelerde topaklanma oluşumuna sebebiyet vermiştir.

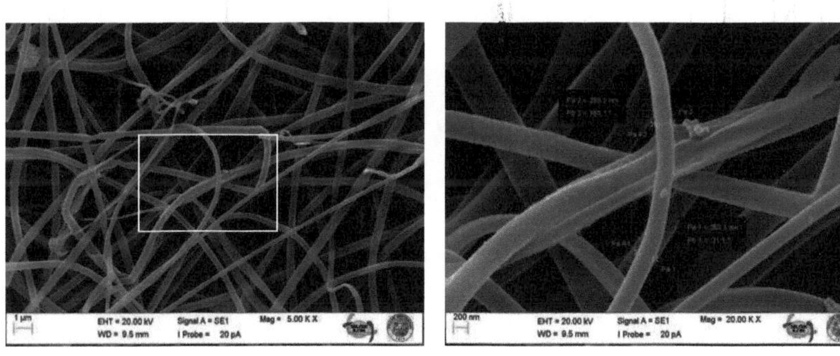

Şekil 8.4 NaAc, CoAc, NiAc ve borik asit eklenmiş PVA'dan elde edilen nanofiberlerin SEM görüntüleri

NaAc, CoAc, NiAc ve borik asit eklenen 4 numaralı numuneye ait sem görüntüsü Şekil 8.4 de verilmektedir. Elde edilen bulgulara göre ortalama elyaf yarıçapı 280 nm dir. Bu numunedeki Ni oranı 3 numaralı numunedeki ile aynı olmasına rağmen bor katkısının 3 numaralı numunede ortaya çıkan topaklanmaların ortadan kalkmasına yol açmıştır.

8.1.3. Oksit Numunelerin SEM Görüntüleri

Oksit numunelere ait SEM görüntüleri 20kV gerilimde JEOL JSM 7000 cihazı ile elde edilmiştir. Her bir toz numunenin 5.000 ve 20.000 büyütme olarak 2 adet görüntüsü çekilmiştir. Birinci görüntüde işaretlenen bölge, ikinci görüntüde büyütülmüştür.

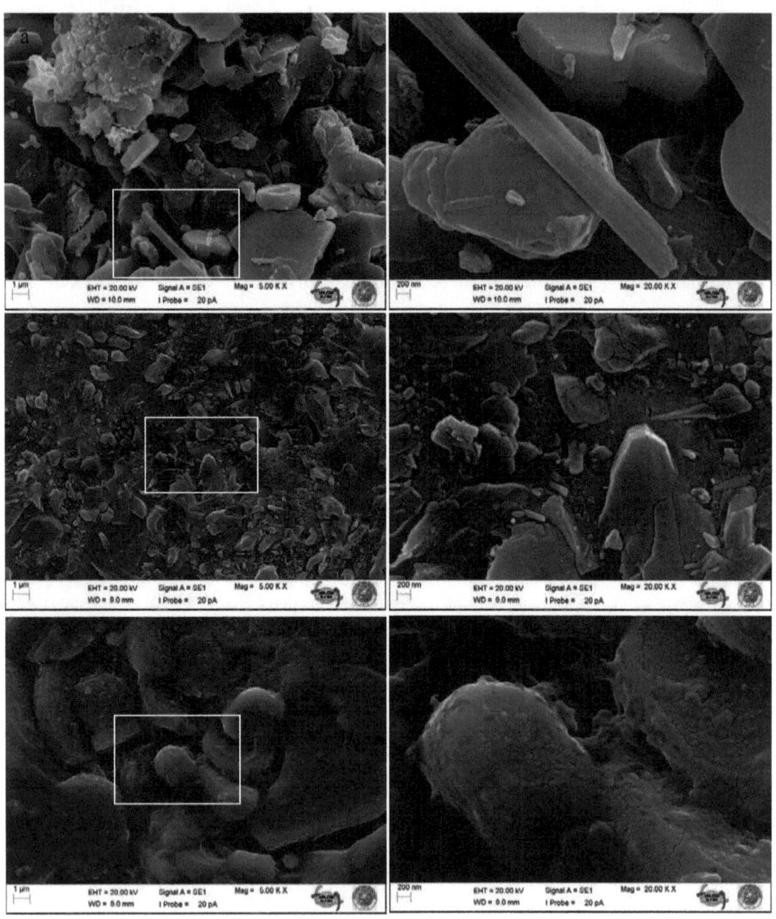

Şekil 8.5 Sol-jel yöntemiyle üretilmiş sodyum kobaltit yapısının SEM görüntüleri(a,b kalsinasyon sonrası; c,d pelet haline getirilmiş numune; e,f sinterleme sonrası)

Sol jel yöntemiyle üretilen sodyum kobaltit nano kompozit seramik yapısının kalsinasyon sonrası SEM görüntüleri Şekil 8.5 te görülmektedir. " a " ve " b " ile temsil edilen görütüler kalsinasyon sonrası toz halde bulunan numunelerin taramalı elektron mikroskobu görüntüleridir. Kompozit maddenin genel morfolojik özellikleri görüldüğü gibi genel olarak katmanlı yapıda, nadiren görülen nano çubuk yapıları ve granüllerden oluşmaktadır. Tabaka şeklindeki partiküllerin kalınlığı ortalama 600 nmdir. "b" şeklinde görülen nano çubuğun genişliği yaklaşık olarak 750 nm , uzunluğu 10 μm civarındadır.

Şekil 8.5 de " c " ve " d " ile temsil edilen görüntüler, kalsinasyon sonrası pelet hale getirilmiş toz numunelere ait taramalı elektron mikroskobu görüntüleridir. Soğuk pres yöntemiyle pelet hale getirilen malzemenin dış yüzeyinden anlaşılacağı gibi toz zerrecikleri içi içe geçerek boşlukları doldurmuştur ve yer yer büyük boyutlu düzenli bölgeler oluşmuştur. Basınca rağmen katmanlı yapı halen görülmektedir.

Aynı şekilde " e " ve " f " ile temsil edilen görüntüler, sinterleme işlemine tabi tutulmuş peletlere ait taramalı elektron mikroskobu görüntüleridir. Isıl işlem görmüş peletlerin dış yüzeyinden anlaşılacağı gibi boşluklar çok büyük oranda kaybolmuş, katmanlı ve granüllü yapı kaynaşmıştır. Isıl işlem sıcaklığının malzemenin erime sıcaklığından az olduğu yüzeyin görüntüsünden anlaşılmaktadır. Büyük katmanlı yapılar çok fazla deforme olmamasına rağmen küçük partiküller boşluklara yayılmıştır.

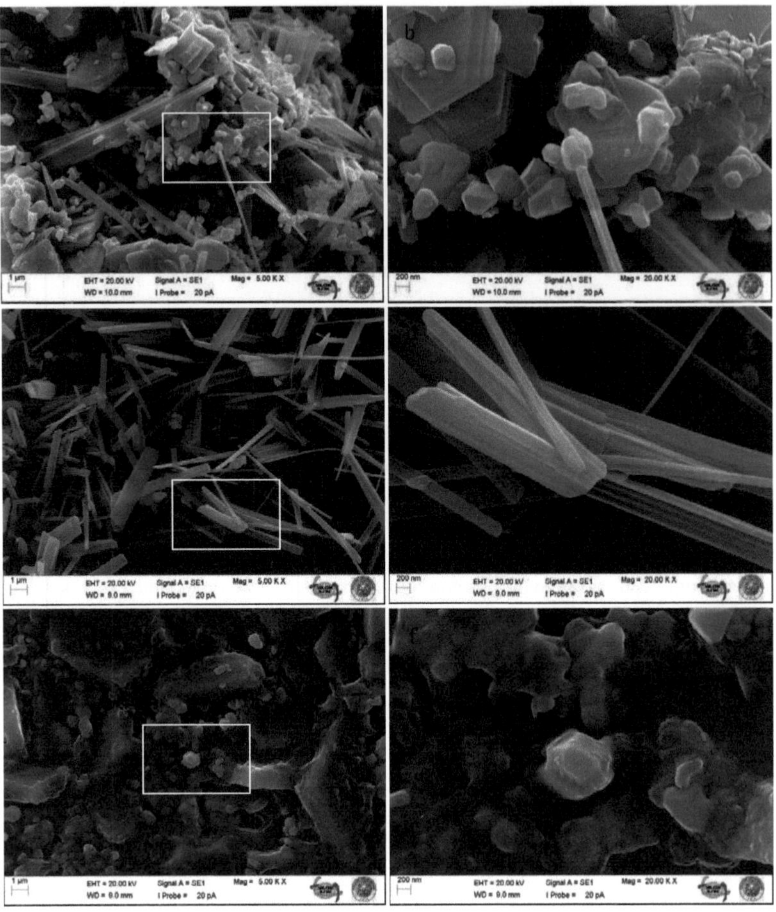

Şekil 8.6 Elektro eğirme yöntemiyle üretilmiş sodyum kobaltit yapısının SEM görüntüleri(a,b kalsinasyon sonrası; c,d pelet haline getirilmiş numune; e,f sinterleme sonrası)

Elektro eğirme yöntemiyle üretilen sodyum kobaltit nano kompozit seramik yapısının kalsinasyon sonrası SEM görüntüleri Şekil 8.6 da görülmektedir. " a " ve " b " ile temsil edilen görütüler kalsinasyon sonrası toz halde bulunan numunelerin taramalı elektron mikroskobu görüntüleridir. Kompozit maddenin genel morfolojik özellikleri genellikle nano çubuk yapılar, katmanlı yapılar ve granüllerden oluşmaktadır. Tabaka şeklindeki partiküllerin kalınlığı ortalama 550 nm dir. "b" şeklinde görülen nano çubuğun genişliği 180nm dir.Aynı şekildeki granül yapılarının ortalama çapı 450 nm civarındadır.

Kalsinasyon sonrası pelet hale getirilmiş numunelere ait taramalı elektron mikroskobu görüntüleri Şekil 8.6 da " c " ve " d " ile temsil edilmiştir. Pelet haline getirilen malzemenin dış yüzeyindenanlaşılacağı gibi toz zerrecikleri içi içe geçerek boşlukları doldurmuştur ve arka planda zorlukla görülen büyük boyutlu düzenli bölgeler oluşmuştur. Dış yüzeydeki nano çubuk yapıları oldukça belirgin vaziyette yerleşmiştir. Çubuk yapılarının ortalama genişliği 300 nm , uzunlukları ise 8 μm civarındadır.

Şekil 8.6 da yer alan madde ile Şekil 8.5 de yer alan madde aynı karışım oranlarına ve oluşum sürecine sahip olmasına rağmen morfolojik olarak üretim tekniğinden kaynaklanan değişiklikler olduğu aşikardır. Şekil 8.6 "c"de görülen yüzeyde materyalin oldukça fazla oranda nano çubuk yapıda oluşması ilginç bir durum teşkil etmektedir.

Pelet hale getirilmiş numunelerin sinterlenmesi sonrasındaki hallerine ait taramalı elektron mikroskobu görüntüleri Şekil 8.6 da " e " ve " f " ile verilmiştir. Isıl işlem görmüş peletlerin dış yüzeyinden anlaşılacağı gibi nano çubuk yapıları kaybolmuş, katmanlı ve granüllü yapılar kaynaşmıştır. Isıl işlem sıcaklığının malzemenin erime sıcaklığından az olduğu yüzeyin görüntüsünden anlaşılmaktadır.

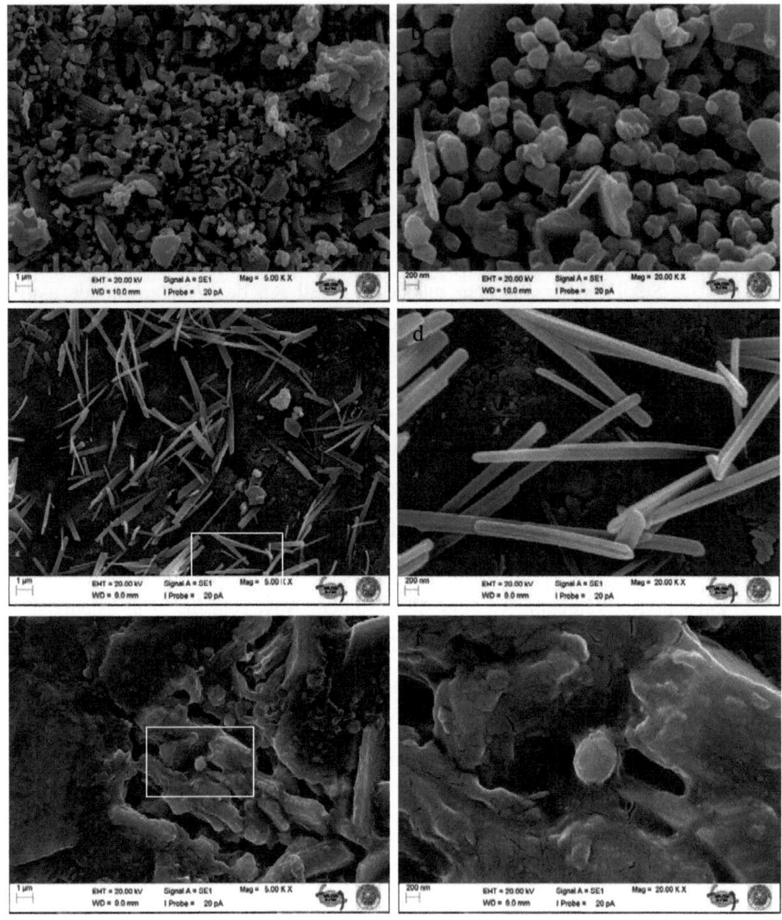

Şekil 8.7 Elektro eğirme yöntemiyle üretilmiş nikel katkılı sodyum kobaltit yapısının SEM görüntüleri(a,b kalsinasyon sonrası; c,d pelet haline getirilmiş numune; e,f sinterleme sonrası)

Elektro eğirme yöntemiyle üretilen 0,1 mol oranında nikel katkılı sodyum kobaltit nano kompozit seramik yapısının kalsinasyon sonrası SEM görüntüleri Şekil 8.7de görülmektedir. Kalsinasyon sonrası toz halde bulunan numunelerin taramalı elektron mikroskobu görüntüleri Şekil 8.7 'de " a " ve " b " ile temsil edilmiştir. Kompozit maddenin genel morfolojik özellikleri şekilden de anlaşılabileceği gibi granüllerden ve nano çubuk yapılarından oluşmaktadır. Granül şeklindeki partiküllerin ortalama çapı 350 nm uzunluktadır.

Kalsinasyon sonrası pelet hale getirilmiş numunelere ait taramalı elektron mikroskobu görüntüleri Şekil 8.7 de “ c ” ve “ d ” ile temsil edilen görüntülerdir. Pelet hale getirilen malzemenin dış yüzeyindenden anlaşılacağı gibi toz zerrecikleri içi içe geçerek boşlukları doldurmuştur ve arka planda geniş bir alanda görülen büyük boyutlu düzenli bölgeler oluşmuştur. Dış yüzeydeki nano çubuk yapıları bir önceki numuneye göre büyük oranda azalmış olmasına rağmen yüzeyde oldukça belirgin vaziyette görülmektedir. Çubuk yapılarının ortalama genişliği 200 nm , uzunlukları ise ortalama3 μm dir.

Pelet hale getirilmiş numunelerin sinterlenmesi sonrasındaki hallerine ait taramalı elektron mikroskobu görüntüleri aynı şekilde “ e ” ve “ f ” ile temsil edilen görüntülerdir. Isıl işlem görmüş peletlerin dış yüzeyindenden anlaşılacağı gibi nano çubuk yapıları kaybolmuş, granüllü yapı kaynaşmıştır. Yüzeyde lokal çatlaklar oluştuğu görülmektedir. Isıl işlem sıcaklığının malzemenin erime sıcaklığından az olduğu yüzeyin görüntüsünden anlaşılmaktadır.

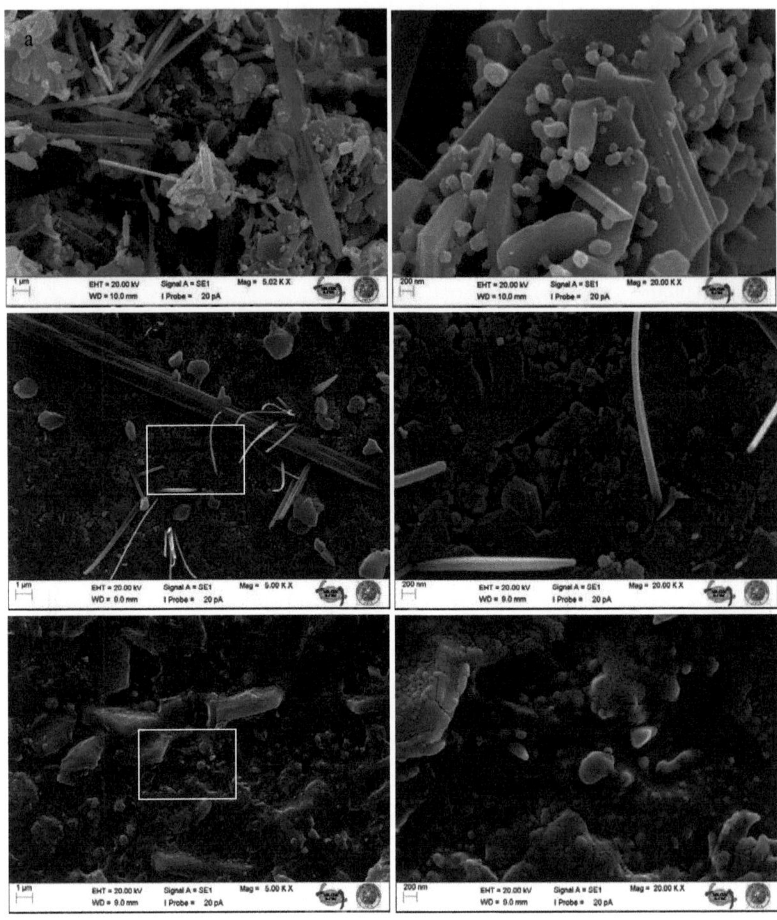

Şekil 8.8 Elektro eğirme yöntemiyle üretilmiş nikel katkılı sodyum kobaltit yapısının SEM görüntüleri(a,b kalsinasyon sonrası; c,d pelet haline getirilmiş numune; e,f sinterleme sonrası)

Elektro eğirme yöntemiyle üretilen 0,3 mol oranında nikel katkılı sodyum kobaltit nano kompozit seramik yapısının kalsinasyon sonrası SEM görüntüleri Şekil 8.8 de görülmektedir. Kalsinasyon sonrası toz halde bulunan numunelerin taramalı elektron mikroskobu görüntüleri Şekil 8.8 'de " a " ve " b " ile temsil edilmiştir.

Kompozit maddenin genel görünümü ağırlıklı olarak granüllerden, katmanlıyapılardan ve bir önceki numunelere göre oldukça az oranda nano çubuk yapılarından oluşmaktadır. Granül şeklindeki partiküllerin ortalama çapı 175 nm uzunluktadır. Katmanlı yapıların ortalama kalınlığı 350 nm civarındadır.

Şekil 8.8 de " c " ve " d " ile temsil edilen görüntüler, kalsinasyon sonrası pelet hale getirilmiş numunelere ait taramalı elektron mikroskobu görüntüleridir. Pelet hale getirilen malzemenin dış yüzeyinde toz zerrecikleri basınç etkisiyle boşlukları doldurmuştur ve arka planda çok büyük bir alanda görülen düzenli bölgeler oluşmuştur. Nano çubuk yapıları bir önceki numuneye göre büyük oranda azalmış olmasına rağmen yüzeyde halen görülebilmektedir. Çubuk yapılarının ortalama genişliği 120 nm , uzunlukları ise 4 μm civarındadır.

Pelet hale getirilmiş numunelerin sinterlenmesi sonrasındaki hallerine ait taramalı elektron mikroskobu görüntüleri aynı şekilde " e " ve " f " ile temsil edilen görüntülerdir. Isıl işlem görmüş peletlerin dış yüzeyinden anlaşılacağı gibi nano çubuk yapıları kaybolmuş, granüllü yapı kaynaşmıştır. Isıl işlem sıcaklığının malzemenin erime sıcaklığından az olduğu yüzeyin görüntüsünden anlaşılmaktadır. Sinterleme sürecinin sonucunda katmanlı yapıların ve granüllerin kaynaşmış olduğu görülmektedir. Ayrıca yüzey üzerinde çok küçük ölçekli çatlaklar oluşmuştur.

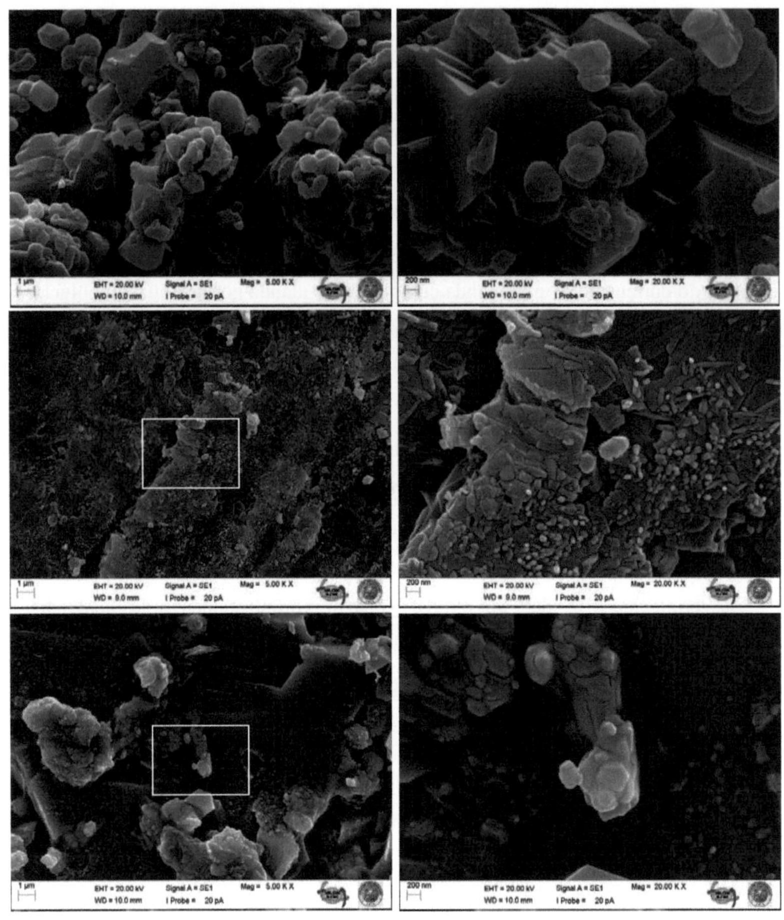

Şekil 8.9 Elektro eğirme yöntemiyle üretilmiş nikel ve bor katkılı sodyum kobaltit yapısının SEM görüntüleri(a,b kalsinasyon sonrası; c,d pelet haline getirilmiş numune; e,f sinterleme sonrası)

Elektro eğirme yöntemiyle üretilen 0,3 mol oranında nikel ve 0,1 mol oranında bor katkılı sodyum kobaltit nano kompozit seramik yapısının kalsinasyon sonrası SEM görüntüleri Şekil 8.9 da görülmektedir. Toz halde bulunan numunelerin taramalı elektron mikroskobu görüntüleri Şekil 8.9 'da " a " ve " b " ile temsil edilmiştir. Kompozit madde granüllerden ve katmanlı çok büyük kristal yapılarından oluşmaktadır. Materyale eklenen çok küçük orandaki bor, materyalin dış görünümünde çok büyük değişikliklere sebep olmuştur. Önceki görüntülerde rastladığımız nano çubuk yapıları bu madde içerinde görülmemektedir. Granül şeklindeki partiküllerin ortalama çapı 500 nm uzunluktadır.

Kalsinasyon sonrası pelet haline getirilmiş numunelere ait taramalı elektron mikroskobu görüntüleri Şekil 8.9 da " c " ve " d " ile temsil edilen görüntülerdir. Yüzeyde katmanlı yapılar ve granüller belirgin bir şekilde görülmektedir.

Pelet hale getirilmiş numunelerin sinterlenmesi sonrasındaki hallerine ait taramalı elektron mikroskobu görüntüleri aynı şekilde " e " ve " f " ile temsil edilen görüntülerdir. Isıl işlem görmüş peletlerin dış yüzeyinden anlaşılacağı gibi nano çubuk yapıları kaybolmuş, granüllü yapı kaynaşmıştır. Yüzeyde lokal çatlaklar oluştuğu görülmektedir. Bu numunede diğer numunelerden farklı olarak sinterleme süreci aynı olmasına rağmen yüzey modifikasyonu çok daha az olmuştur. Yapıya eklenen bor maddesinin, yapının erime sıcaklığını büyük oranda değiştirmiş olduğu anlaşılmaktadır. Elektro-eğirme metodu ile üretilen numunelerde katkı oranları değiştirildikçe malzeme içerisinde nano çubuk yapıları azalmış ve bor eklenen son numunede bu yapılar hemen hemen tamamen ortadan kalkmıştır. Ayrıca bor katkılı bu numunede diğer numunelerden farklı olarak granül yapısının çok daha fazla olduğu görülmektedir.

8.1.4. FTIR Analizleri

Fourier Transform İnfrared spektrometresi (FT-IR) analizleri, Perkin-Elmer Spectrum 100 FT-IR sistemi (ATR proplu) ile elde edilmiştir. Elyaf numunelere ait olan analiz sonuçları Şekil 8.9'da ve toz numunelere ait sonuçlar ise Şekil 8.10 da verilmiştir.

8.1.4.1. Nanofiberlerin FTIR Eğrileri

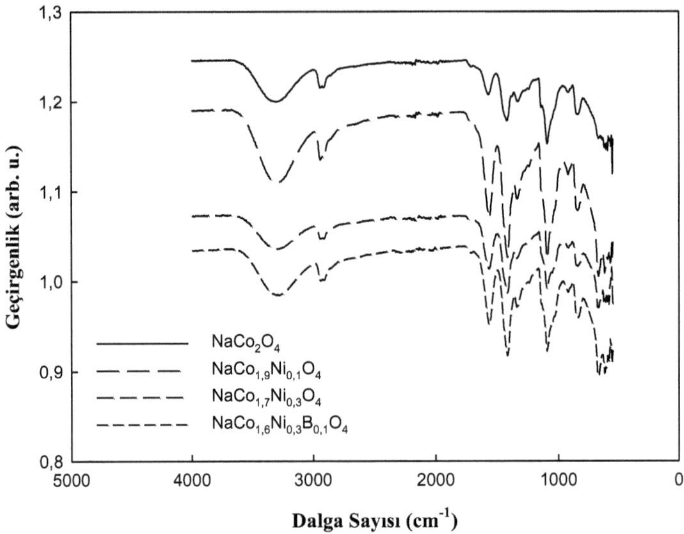

Şekil 8.9 Elyaf numunelerin FTIR eğrileri

Şekil 8.9 da görülmekte olan elyaf numunelere ait FT-IR spektrumu PVA'ya ait karakteristik piklerdir. Solvent içerisine eklenen asetat karışımları arttıkça pik boylarında değişimlere sebep olmuş ancak gerilme piklerinin yerlerinde bir değişiklik olmamıştır. 3260 cm^{-1} de O-H gerilme titreşimleri, 2950 cm^{-1} de alifatik C-H gerilme titreşimi, 1560 cm^{-1} civarında H_2O'nun deformasyon titreşimi saptanmıştır. H_2O ya ait karakteristik piklerin olması yapı içerisinde su varlığını göstermektedir. Borik asite ait belirgin bir pik gözlenmemiştir. 700 cm^{-1} den itibaren 550 cm^{-1}'e kadar olan bölgede parmak izi olarak tanımlanan birçok pik görülmektedir.

8.1.4.2. Oksit Numunelerin FTIR Eğrileri

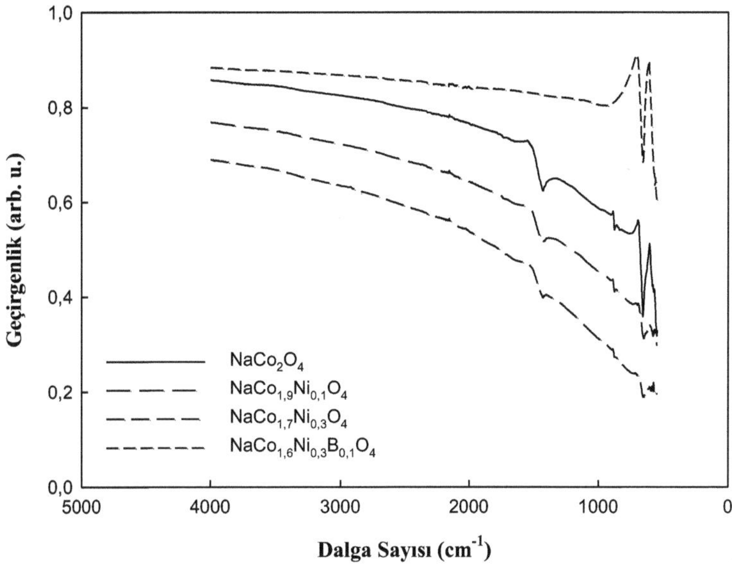

Şekil 8.10 Oksit nano seramik tozların FTIR eğrileri

Şekil 8.10 da görüldüğü gibi PVA polimerine ait karakteristik burulma ve gerilme piklerinin büyük bir çoğunluğu kalsinasyon sonrasında kaybolmuştur. Elyaf numunelere ait Şekil 8.9 da ki grafikte 2950 cm^{-1} de görülen C-H gerilme titreşimlerinin kaybolması yapının karbon esaslı organik bölümlerinin deforme olduğunu göstermektedir. Ancak 1425 cm^{-1} görülmekte olan –C=C gerilme piki yapı içerisinde çok az bir miktar karbon varlığını göstermektedir. Sinterleme işlemi ile tekrar ısıl işleme tabi tutulan numunelerde Şekil 8.13 de gösterilen XRD grafiğinden de anlaşılacağı gibi karbon kalıntısı tespit edilemeyecek kadar azalmıştır.

8.1.5. Termal Analizler

Bu çalışmada her bir örnekten yaklaşık 6-8 mg alınarak, Shimadzu Marka TA-60 model bir termogravimetri cihazında, 10 ^{o}C/dk ısıtma hızında,100ml/dk akış hızında akan dinamik azot atmosferinde,30 ^{o}C sıcaklığından 900 ^{o}C ye kadar ısıtılarak DTA ve TGA termogramları kaydedilmiştir. Aynı sistemde her bir numuneden yaklaşık 1,6mg tartılarak, 50 ml/dk akış hızında akan dinamik azot atmosferinde, 30 ^{o}C sıcaklığından

500°C ye kadar ısıtılarak DSC eğrileri kaydedilmiştir. DrTGA verileri TGA eğrisinin birinci türevi hesaplanarak grafiğe eklenmiştir.

8.1.5.1. Nanofiberlerin DSC Eğrileri

Şekil 8.11 de elyaf numunelere ait DSC eğrileri görülmektedir. Numunelere ait termal özellikler Şekil 8.11 de bulunan eğrilerden yararlanılarak elde edilmiş ve Tablo 8.2 de verilmiştir.

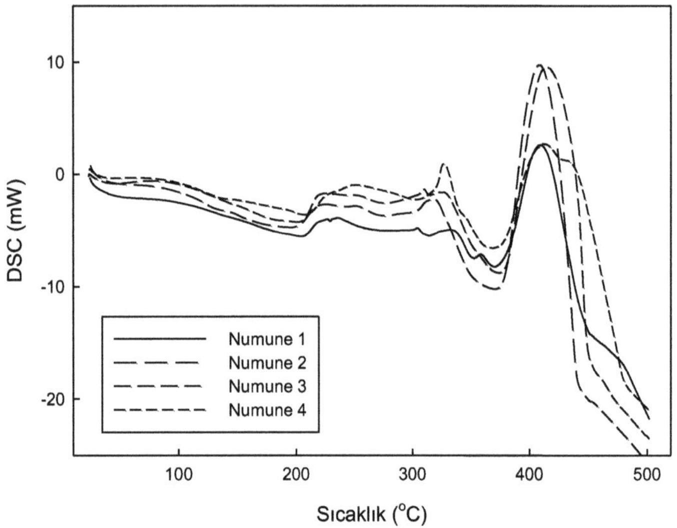

Şekil 8.11 Elyaf numunelerin DSC eğrileri

Örnek	T_G	T_M	T_{D1}	T_{D2}	T_O
Numune 1	131 °C	217 °C	233 °C	329 °C	409 °C
Numune 2	134 °C	215 °C	225 °C	319 °C	408 °C
Numune 3	138 °C	214 °C	227 °C	314 °C	415 °C
Numune 4	140 °C	213 °C	251 °C	327 °C	412 °C

Tablo 8.2 Elyaf numunelerin DSC analiz sonuçları

Tablo 8.2 de verilen değerlere göre PVA çözeltisine eklenen madde sayısı arttıkça T_G camsı geçiş sıcaklığı yükselmiştir. T_M değeri numunenin büyük bölümünü oluşturan PVA polimerinin erime sıcaklığıdır. Camsı geçiş sıcaklığının izlediği seyrin aksine numuneye farklı maddeler eklendikçe erime sıcaklığı azalmıştır. DSC eğrilerinde üç değerden oluşan bir bozunma sıcaklığı mevcuttur. T_{D1} değeri PVA polimerinin uzun zincirlerinin kopmaya başladığı sıcaklığı temsil etmekte iken T_{D2} ise asetat yapıların bozunduğu sıcaklıktır. Bu değer yapı içerisinde PVA dan sonra en fazla bulunan kobalt asetatın bozunmasını göstermektedir. Son aşamada yer alan T_O sıcaklıkları ise oksitlenme sıcaklıklarını temsil etmektedir. Bütün numunelere ait DSC eğrilerinde numunelerin karakteristik sıcaklık değerlerinin birbirinden çok farklı olmadığı görülmektedir.

8.1.5.2. DTA-TGA - DrTGA Analizleri

Şekil 8.12 de 1 numaralı elyaf numuneye ait TGA – DTA ve DrTGA eğrileri görülmektedir. Elyaf numunelere ait termal özellikler ilgili eğrilerden faydalanılarak elde edilmiş ve Tablo 8.3 de verilmiştir.

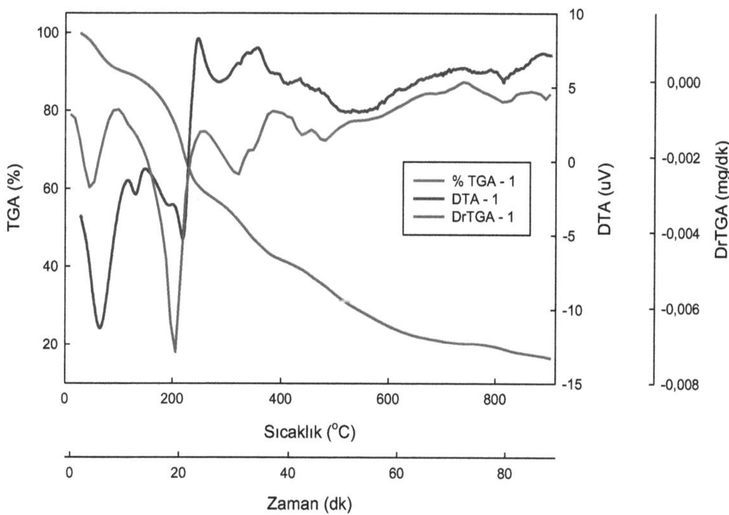

Şekil 8.12 Elyaf numunelerin DTA, TGA ve DrTGA eğrileri

DTA eğrisinde görülen ilk endotermik pik 65 °C civarındadır ve numunelerde bulunması muhtemel nem kaybını ifade etmektedir. Sonraki küçük pik ise camsı geçiş sıcaklığını vermektedir ve Tablo 8.2 de yerine yazılmıştır.

DrTGA eğrisinden anlaşılacağı gibi kütle kaybı dört aşamada gerçekleşmektedir. Birinci aşama 30-110 °C sıcaklıkları arasında numune içerisinde bulunan nem kaybıdır. Bu aşamada her numune için yaklaşık olarak % 8-9'luk bir kütle kaybı tespit edilmiştir. İkinci aşamada 220 – 280 °C sıcaklıkları arasında kütle kaybı hızlanmış ve PVA zincirlerinin kopmasıyla % 32 lik yoğun bir kütle kaybı görülmektedir. Üçüncü aşamada 280 – 410 °C sıcaklıkları arasında % 13-16 kütle kaybı gerçekleşmiş olup, bu aşamada numunelere eklenen asetat yapılarının bozunması kuvvetle muhtemeldir. Son aşamada %20 'lik bir kütle kaybı ile yapı içerisinde kalan amorf karbon kalıntıları yapıdan uzaklaşmıştır. Kristal yapıdan kütle kayıp hızı 750 °C den itibaren oldukça azalmış, yapı içerisinde bulunabilecek safsızlıklar ve karbon kalıntıları uzaklaşmıştır. Bütün numunelere ait her bir sıcaklık sonunda elde edilen toplam kütle kaybının değerlendirildiği veriler Tablo 8.3te verilmiştir.

Örnek	*100°C*	*200°C*	*300°C*	*400°C*	*500°C*	*600°C*	*700°C*	*800°C*	*900°C*
Numune 1	% 9,5	% 22,2	% 44,8	% 57,8	% 66,3	% 74,6	% 78,4	% 79,7	% 82,6
Numune 2	% 8,8	% 22,6	% 44,9	% 55,6	% 65,7	% 74,4	% 77,5	% 79,8	% 82
Numune 3	% 9,2	% 24,7	% 48,4	% 58,8	% 71,9	% 80,2	% 81,5	% 84,2	% 86,6
Numune 4	% 10,7	% 24	% 48,2	% 59,5	% 70,3	% 80,2	% 81,4	% 83,6	% 85,6

Tablo 8.3 Elyaf numunelerin sıcaklıkla % kütle kaybı miktarları

8.1.6. XRD Analizleri

Sinterleme işlemine tabi tutulmuş oksit numunelerin XRD spektrumları Şekil 8.16 da verilmektedir. Ölçüm işlemi Bruker D8 Advance Powder XRD cihazı ile Cu (40 Kv – 40 mA) tüpü ile $Cuk_{\alpha 1}$=1.54059 Å dalga boyunda 1 °/dk tarama hızıyla alınmıştır.

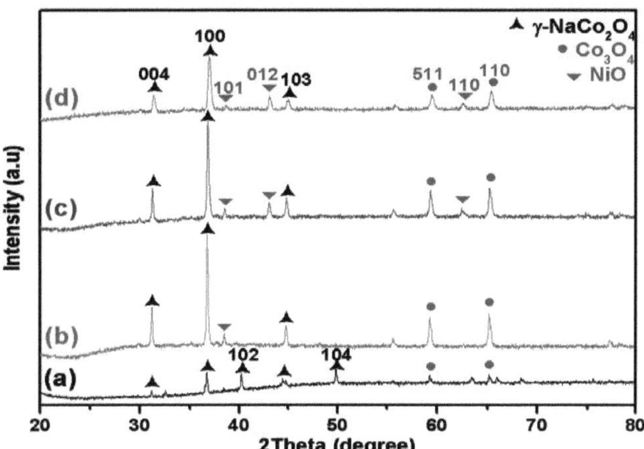

Şekil 8.13 XRD spektrumları

Nikel ve Bor katkılı $NaCo_2O_4$ nanokompozit tozlarının XRD spekrumunda γ-$NaCo_2O_4$ (Maensiri ve Nuansing,2006), Co_3O_4 (Tsai ve ark.,2007) ve NiO (Shin ve Murayama, 2000) yapılarına ait üç farklı karışım görülmektedir. Bütün numunelerdeki belirgin piklerin (*hkl*) değeri (100) düzlemi için γ-$NaCo_2O_4$'e ait olup 2θ dereceleri sırasıyla 36.66, 36.76, 36.82 ve 36.99° dir. Nikel miktarının arttırılması ana piklerin yükselmesine yol açmıştır.

Numunelere ait kübik kafes parametresi XRD örneklerinin (*2θ*) pik pozisyonları ve Denklem 8.1 de yer alan eşitlik ile hesaplanmıştır(Suryanarayana ve Norton,1998).

$$\frac{1}{d^2} = \frac{h^2+k^2+l^2}{a^2} \tag{8.1}$$

Örneklerin tahmini kristal boyutu (*D*), XRD spektrumu esas alınarak Debye-Scherrer (Karunagaran ve ark., 2002; Klug ve Alexander, 1974; Prasad ve Varma, 2002; Alvarado ve ark., 2000; Ding ve ark., 2001) olarak bilinen aşağıdaki eşitlikle hesaplanabilir.

$$D = \frac{k\lambda}{\beta_{hkl}\cos\theta_{hkl}} \tag{8.2}$$

Burada, k = 0.9, "λ" değeri X ışınlarının CuKα1 için dalga boyunu,"β" değeri XRD örneklerindeki piklerin yarı yüksekliğindeki tam genişlik (FWHM) ve θ ise Bragg açısını ifade eder.

Dislokasyon yoğunluğu (δ), kristalin boyutu (D) ile aşağıdaki eşitlikte olduğu gibi orantılıdır.

$$\delta = \frac{n}{D^2} \tag{8.3}$$

Burada n(n = 1, minimum dislokasyon yoğunluğu) dislokasyon yoğunluğu faktörüdür (Karunagaran ve ark.,2002). Nanoseramik tozların mikro gerilme sabiti (ε), denklem 8.4 te yer alan eşitlikten faydalanılarak hesaplanmıştır.

$$\varepsilon = \frac{1}{\tan\theta}\left(\frac{\lambda}{D\cos\theta} - \beta\right) \tag{8.4}$$

Kübik örgü parametresi (*a*), kristal boyutu (*D*), dislokasyon yoğunluğu (δ) ve mikrogerilme sabiti (ε), X kırınımı piklerinden faydalanılarak hesaplanmış ve ilgili değerler Tablo 8.4 te yerine yazılmıştır.

Örnek	(hkl)	2θ (°)	*FWHM (°)*	d (Å)	a (Å)	D(nm)	$\delta x10^{-11}$ (cm^{-2})	$\varepsilon x10^{-3}$
$NaCo_2O_4$	(100)	36.66	0.1858	2.4493	2.4493	45	0.4929	1.0876
$NaCo_{1,9}Ni_{0,1}O_x$	(100)	36.76	0.1906	2.4429	2.4429	44	0.5184	1.1124
$NaCo_{1,7}Ni_{0,3}O_x$	(100)	36.82	0.2208	2.4390	2.4390	38	0.6955	1.2864
$NaCo_{1,6}Ni_{0,3}B_{0,1}O_x$	(100)	36.99	0.3403	2.4282	2.4282	25	1.6503	1.9729

Tablo 8.4 Nanokompozit seramiklerin XRD analiz sonuçları

Numunelerdeki Nikel miktarı arttırıldıkça kristal boyutu 45 nm den 25 nm'ye kadar düşmüştür. Ancak dislokasyon yoğunluğu ve mikro gerilme sabiti, kristal boyutu ile ters orantılı olarak yükselmiştir. Ayrıca kübik örgü değeri 2.4493 Å'dan 2.4282 Å'a kadar azalmıştır. Bu durum Ni^{2+}'nin iyonik yarıçapının (0.69 Å), Co^{2+}' nin iyonik yarıçapından (0.72 Å) küçük olmasından kaynaklanmaktadır (Breviglieri ve ark., 2000). Numune 4'e ait örgü sabitinin Numune 3'e göre değişiminin diğer numunelerden çok daha fazla olmasının sebebi ise numuneye eklenen B^{3+} iyonik yarıçapının (0.27 Å) Ni^{2+}ve Co^{2+}'tan çok daha küçük olmasıdır.

8.1.7. BET Analizleri

Elde edilen nanokompozit seramik tozlarının yüzey alanları Quantachrome Autosorb-6 BET Analyser ölçüm cihazında, oda sıcaklığında ve N_2 gazı kullanılarak ölçülmüştür. Sol-jel ve elektro eğirme metoduyla elde edilen numunelere ait BET analiz sonuçları Tablo 8.6'da verilmiştir.

BET (Braunauer – Emmet – Teller Yöntemi) analizi, adsorblanan gazın miktarından, adsorblanan maddenin yüzey alanının hesaplanması yöntemidir. Bu yöntem gözenekli tabakaların yüzey alanının bulunmasında kullanılan en sağlıklı ve yaygın yöntemdir.

Örnek	*BET Yüzey Alanı (m^2/g)*
$NaCo_2O_4$ (Soljel)	0,3472
$NaCo_2O_4$ (Elektroeğirme)	1,7180
$NaCo_{1,9}Ni_{0,1}O_x$	1,8059
$NaCo_{1,7}Ni_{0,3}O_x$	1,9124
$NaCo_{1,6}Ni_{0,3}B_{0,1}O_x$	2,2636

Tablo 8.5 Nanokompozit seramiklerin BET analiz sonuçları

Tablo 8.5'de görüldüğü gibi numunelerdeki Nikel ve Bor miktarı arttıkça yüzey alanları artmaktadır. Bu durum tanecik boyutunun azalması ve katmanlı yapının artmasından kaynaklanmaktadır. Ayrıca SEM görüntülerinden de anlaşılacağı gibi numunelerdeki katkılar arttırıldıkça nano çubuk oluşumları artmaktadır. Bir başka dikkate değer durum ise aynı maddeye ait soljel ile üretilmiş ürün ile elektroeğirme ile üretilmiş ürün arasındaki yüzey miktarının farkıdır. Burada yüzey alanının yaklaşık olarak % 394 oranında artmış olduğu görülmektedir.

8.2. Termoelektrik Özelliklerin Belirlenmesi

Pelet formuna getirilerek sinterlenen numunelerin 10-300 K sıcaklık aralığındaki Seebeck katsayısı, termal ve elektriksel iletkenlik değerleri Lot-Oriel marka PPMS cihazında ölçülerek termoelektrik kalite faktörü(ZT) hesaplanmıştır.

8.2.1. Seebeck Katsayılarının Ölçüm Sonuçları

Elde edilen nanokompozit yarıiletken bileşiklere ait Termoelektrik güç(Seebeck katsayısı) – sıcaklık grafiği Şekil 8.14 te verilmiştir.

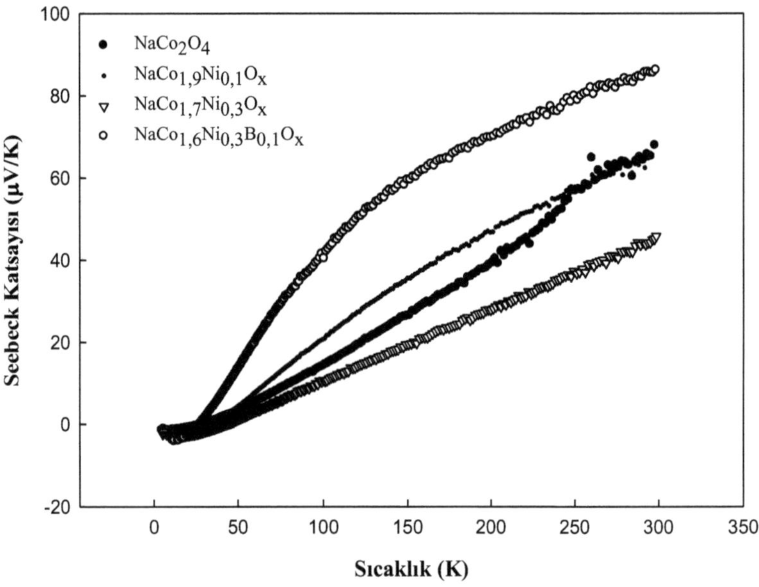

Şekil 8.14 Nanokompozit seramiklerin Seebeck katsayısı– sıcaklık grafiği

Şekil 8.14 de görüldüğü gibi 0,1 molar Ni katkılanan sodyum kobaltitin Seebeck katsayısı düşük sıcaklıklar için yükselmiştir ancak oda sıcaklığına yaklaşıldıkça katkısız sodyum kobaltit ile aynı seviyelerde kalmıştır. 0.3 molar Nikel katkılanan numunenin Seebeck katsayısının ise çok daha düşük olduğu görülmektedir. Son numunede bilindiği gibi 0.3 mol Ni, 0.1 mol B katkısı bulunmaktadır. Bu bor katkılı numuneye ait termoelektrik güç değeri sodyum kobaltitin termoelektrik güç değerine göre yaklaşık olarak %25 daha fazla olmaktadır. 300 K sıcaklığında numunelere ait Seebeck katsayısı en büyük olarak 80 μV/K değeri ile nikel ve bor katkılı son numuneye aittir. Bütün numunelerde karakteristik olarak sıcaklık ile birlikte termoelektrik güç değerleri artmaktadır.

8.2.2. Elektriksel Direncin Ölçüm Sonuçları

Elde edilen nanokompozit yarıiletken bileşiklere ait elektriksel direncin sıcaklıkla değişimi grafiği Şekil 8.15 te verilmiştir.

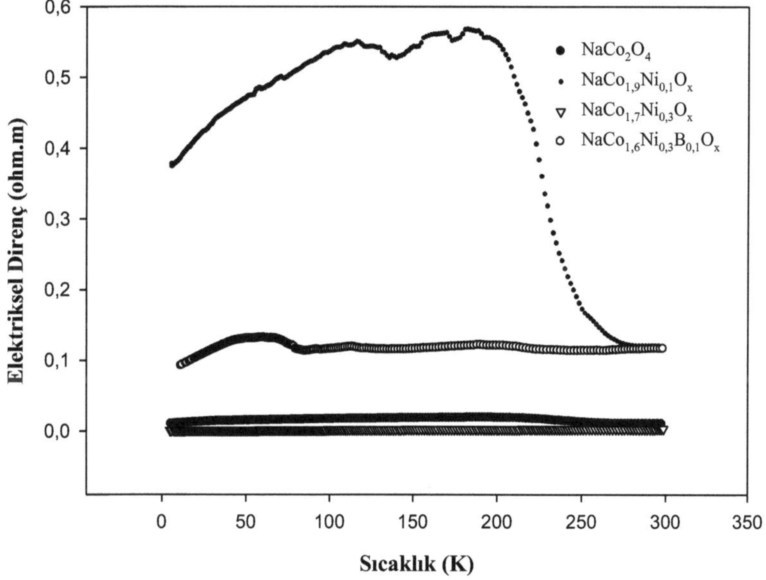

Şekil 8.15 Nanokompozit seramiklerin elektriksel direnç – sıcaklık grafiği

Az miktarda nikel eklenen sodyum kobaltit kompozit yapısının elektriksel direnci diğer numunelerden oldukça yüksek olmaktadır. Bu numuneye ait grafikten görüldüğü gibi 200 K den itibaren oldukça belirgin bir azalma gerçekleşmektedir. Yapıya eklenen az miktardaki nikel kompozit maddenin beklenenin dışında bir davranış sergilemesine sebep olmuştur. Yapıdaki nikelin büyük bölümü nikel oksit bileşiği halinde katmanlar arasına yerleşmektedir. Nikel miktarı arttırıldığında tahmin edebileceğimiz gibi elektriksel direnç azalmıştır. Yapıya bor eklendiğinde ise direnç tekrar artma göstermiştir. Yapı içerisindeki metal iyonlarının miktarı arttıkça elektrik iletkenliğinin artması ve direncin düşmesi beklenen bir durumdur. Benzer şekilde bor yarıiletken bir özellik taşımasından dolayı elektriksel iletkenliğin azalmasına neden olmaktadır.

8.2.3. Termal İletkenliğin Ölçüm Sonuçları

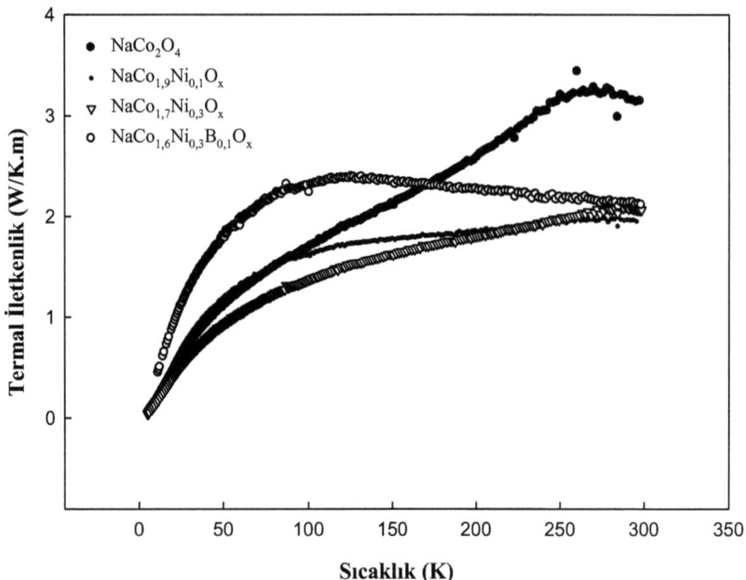

Şekil 8.16 Nanokompozit seramiklerin termal iletkenlik – sıcaklık grafiği

Nanokompozit seramiklere ait termal iletkenliğin sıcaklıkla değişimini gösteren grafik Şekil 8.16 da verilmektedir. Şekilde görüldüğü gibi sodyum kobaltitin termal iletkenliği katkılanan numunelerden daha büyük olmaktadır. Termal iletkenliğin azalması termoelektrik materyaller için arzulanan bir özelliktir. Ayrıca katkılanan numunelerin termal iletkenlik değerleri sıcaklık arttıkça birbirleri ile çok yakın değerler almaktadır. Bütün numuneler için 250 K sıcaklığın üzerinde termal iletkenlikteki yükselme miktarı azalmış hatta sodyum kobaltit ve bor katkılı numune için 270 K den itibaren termal iletkenlik değeri azalmıştır. 300 K sıcaklığında katkısız numunenin termal iletkenliği 3.1 W/K.m iken katkılı numunelerin termal iletkenlikleri sırasıyla 1.9, 2.05, 2.1 W/K.m değerlerini almaktadır.

8.2.4. Termoelektrik Kalite Faktörünün Belirlenmesi

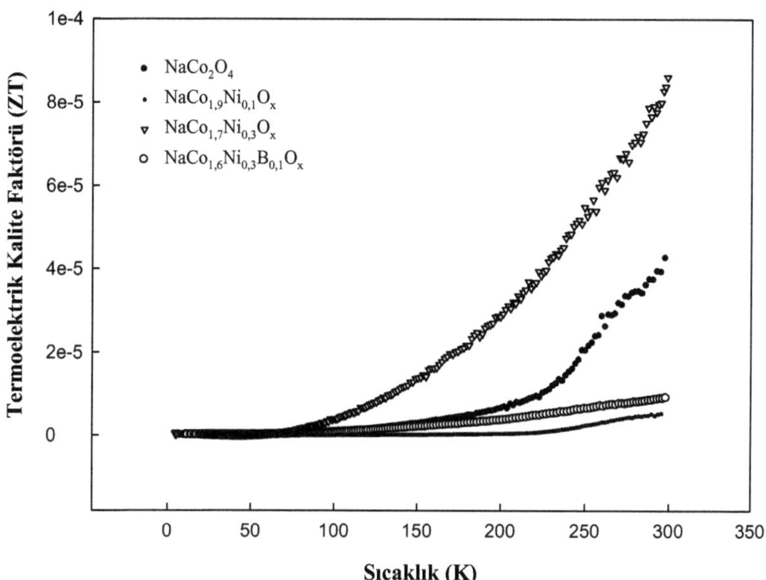

Şekil 8.17 Nanokompozit seramiklerin termoelektrik kalite faktörünün sıcaklık ile değişimini veren grafik.

Nanokompozit seramiklere ait termoelektrik kalite faktörünün (figüre of merit) sıcaklıkla değişimini gösteren grafik Şekil 8.17 de verilmektedir. Numunelerin ölçülen termoelektrik güç, elektriksel direnç, termal iletkenlik değerleri ve ortalama sıcaklık değeri $ZT = (S^2/\rho\kappa)T$ ifadesinde yerine koyularak hesaplanan veriler ile Şekil 8.17 de verilen grafik oluşturulmuştur. 0,3 mol Ni katkılanmış sodyum kobaltitin termoelektrik kalite faktörünün diğer numunelerden daha büyük olduğu görülmektedir. Her ne kadar bu numunenin termoelektrik gücü az olsa da elektriksel iletkenliğinin yüksek olması termoelektrik veriminin daha büyük olmasını sağlamıştır. Farklı olarak bor katkılı numunenin termoelektrik gücü çok daha büyük olmasına karşın elektriksel iletkenliği 0,3 mol nikel eklenen numuneden yaklaşık 10 kat daha düşük olduğundan termoelektrik kalite faktörünün sodyum kobaltitin termoelektrik kalite faktöründen daha düşük olmasını sağlamıştır.

9. SONUÇLAR VE ÖNERİLER

9.1. Üretim Tekniğinin Termoelektrik Özelliklere Etkisi

Yapılan çalışmada üretim tekniğinin termoelektrik olay üzerindeki etkisini incelemek amacıyla klasik olarak kullanılan kimyasal üretim tekniği olan sol-jel yöntemiyle bir numune üretilmiş ve termoelektrik özellikleri ölçülerek karşılaştırma yapılmıştır. $NaCo_2O_4$ numunesine ait sol-jel ve elektro-eğirme yöntemleriyle üretilen numunelere ait Seebeck katsayısı, direnç, termal iletkenlik ve termoelektrik kalite faktörünün(ZT) sıcaklıkla değişimini gösteren grafikler aşağıda gösterilmektedir.

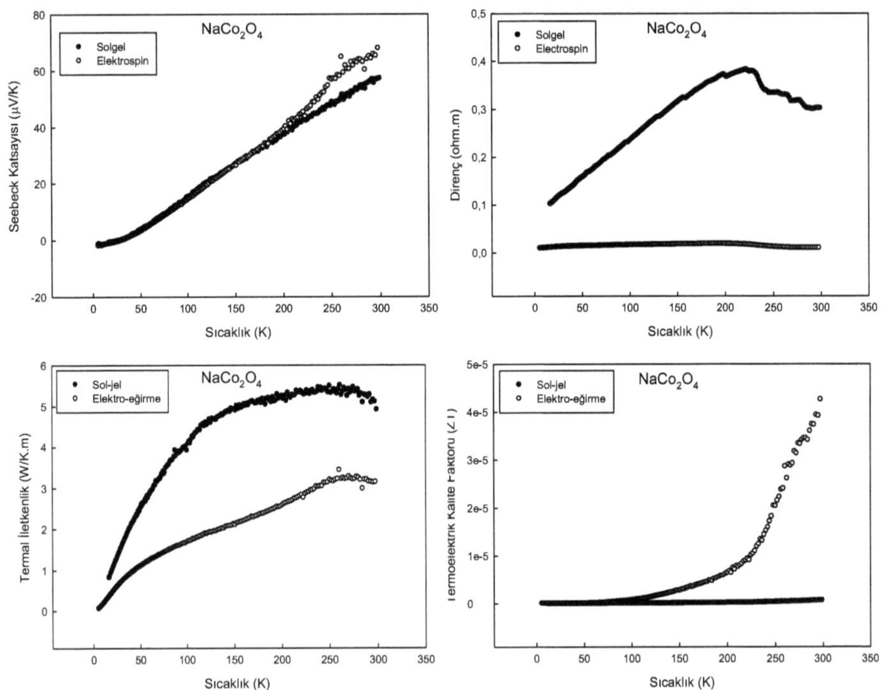

Şekil 9.1 Sodyum kobaltit maddesine ait termeoelektrik özelliklerinin sıcaklık ile değişimini veren grafikler.

Yukarıdaki grafiklerden görüldüğü gibi üretim tekniğinin, maddenin termoelektrik özellikleri üzerinde önemli etkiye sahip olduğu anlaşılmaktadır. Bu durum numunelerin BET analizleri ile ilişkilendirilebilir. Çünkü sol-jel yöntemiyle üretilen numunenin yüzey alanı çok daha küçük olmaktadır. Termoelektrik özellikler toz numunelerin yüzey alanları arttıkça daha da artmaktadır. Ayrıca morfolojik olarak elektro-eğirme metodu ile üretilen numunelerde nano çubuk yapılarının oluşumu termoelektrik özelliklerin artmasında etkili olmaktadır. Uygulamış olduğumuz üretim tekniği aynı bileşenlere sahip maddenin daha yüksek termoelektrik özellikler göstermesini sağlamıştır.

9.2. Katkılanan Maddelerin Termoelektrik Özelliklere Etkisi

Referans numunesi olarak hazırlanan $NaCo_2O_4$ oksit termoelektrik materyal içerisine 0,1 molar Ni eklendiğinde elektriksel iletkenlik düşmüş olmasına rağmen bu oran 0,3'e çıkarıldığında elektriksel iletkenlik artmıştır. Bunun aksine 0,1 molar Ni eklendiğinde Seebeck katsayısı $NaCo_2O_4$ e göre artmış ancak 0,3 oranında eklendiğinde Seebeck katsayısı azalmıştır. 0,3 oranında Nikel bulunan numuneye Bor eklendiğinde ise Seebeck katsayısı büyük bir artış göstermiştir. Elektriksel iletkenliğin artması Seebeck katsayısının azalmasına sebep olmuştur. Yapıya eklenen yarıiletken malzeme ise Seebeck katsayısının artmasını sağlamıştır. Katkılanan bütün kompozit materyaller için başlangıçta termal iletkenlik değerleri belirgin bir oranda yükselmiş olmasına karşın sıcaklık yükseldikçe katkılanan örneklerin termal iletkenlik değerlerinin düşmeye başladığı gözlenmiştir. Bu durum termoelektrik materyaller için arzulanan bir durumdur. Çünkü termoelektrik materyallerin termal iletkenlik değerleri verimlilikleri ile ters orantılıdır. Isı transfer hızı azaldıkça termoelektrik modülün dönüşüm etkinliği artmaktadır ve yüksek sıcaklıklar için bu durum çok daha önemli olmaktadır.

Katkılanan nikel ve bor miktarı çok düşük tutulmuş olmasına rağmen yapının elektriksel özelliklerini oldukça fazla değiştirmişlerdir. Bunun sebebi olarak katkılanan maddelerin yapı kusurlarına sebep olması gösterilebilir. Bu maddelerin miktarlarının az olması yapı içerisine daha kolay nüfuz etmelerine ve kendi fiziksel özelliklerinin baskın olmamasına sebep olmuştur. Madde çeşidi arttıkça elde edilen materyallerle ilgili tahminlerde bulunmak çok daha zorlaşmaktadır. Buna rağmen çok çeşitli ve istenen özellikleri barındıran yeni maddelerin keşfedilmesini kolaylatıracağı düşünülebilir.

9.3. Öneriler

Yapılan deneysel çalışmada literatürde oldukça büyük önem arz eden $NaCo_2O_4$ hazırlanmış ve bunun Ni ve B katkılı türevleri başarılı bir şekilde elde edilmiştir. Her ne kadar düşük sıcaklıkta istenen değerlere ulaşılmış olsa da numunelerin olası ticari uygulamaları için yüksek sıcaklıktaki termoelektrik davranışlarının da tespit edilmesi gereklidir. Hatta belirli bir sıcaklık aralığında düşük termoelektrik özellikler gösteren bir madde farklı sıcaklık aralıklarında beklenenin aksine çok iyi termoelektrik özellik gösterebilir. Bilindiği gibi tek kristal yapılı malzemeler aynı bileşenlerden oluşan polikristal yapılı olanlarından çok daha yüksek termoelektrik verim eldesini sağlamaktadır. Üretim tekniği bu konuda önemli bir yer teşkil etmektedir.

Elde edilen sonuçlara göre nikel ve bor katkılı sodyum kobaltitin termal iletkenliği, sıcaklık arttıkça azalmaktadır. Bu durum bir termoelektrik madde için istenen bir davranıştır. Ayrıca nikel miktarı az tutulduğunda ve nikel miktarı arttırılmış olan numuneye bor eklendiğinde Seebeck katsayısının artmış olması dikkate değer bir durumdur. Bu sonuçlar sebebiyle az miktarda nikel eklenmiş olan numuneye bor eklenmesinin termoelektrik kalite faktörünü arttıracağı düşünülmektedir. Termoelektrik bir malzemenin aynı anda elektriksel iletkenliğinin arttırılması ve termal iletkenliğinin azaltılması oldukça zor bir durumdur. Bu sorunun aşılmasındaki yegâne yöntem kompozit hazırlanan malzemelerin çeşitlendirilmesidir. Yaptığımız çalışmada eklenen maddeler termal iletkenliğin sıcaklık arttıkça azalmasını sağlamıştır. Hatta nikel katkılı numunelerde görüldüğü gibi aynı anda elektriksel iletkenlik arttırılırken termal iletkenliğin sodyum kobaltite göre oldukça azalmasıdır. Verimli bir termoelektrik malzemenin eldesi için madde miktarları çok daha hassas ayarlanarak daha fazla numune hazırlamak gerekmektedir.

Yapılan deneysel çalışmada sinterleme işlemi için klasik tüp fırın kullanılmıştır. Ancak mikrodalga veya plazma sinterleme gibi farklı sinterleme teknikleri kullanılarak termoelektrik performans yükseltilebilir.

KAYNAKLAR

Alvarado, E., Torres-Martinez, L. M., Fuentes, A. F., Quintana, P., (2000), Preparation and characterization of MgO powders obtained from different magnesium salts and the mineral dolomite, Polyhedron19, 2345.

Anatychuk, L. I., Moldavasky, M. S., Rasinkov, V. V., Tsipko, N. K., (1991), Thermoelectric batteries for pyrometers, Proc. Xth Int. Conf: Thermoelectrics.

Ashcroft, N.W., Mermin, N.D., (1976), Solid State Physics, Philadelphia, Saunders.

Askeland, D.R., (1984), The Science and Engineering of Materials, Missouri-Rolla University, S.I. Edition, USA, 365.

Avcıata, O., (2009), Nanotozların Sentezi ve Karakterizasyonu, Doktora Tezi, Metalürji ve Malzeme Mühendisliği, Yıldız Teknik Üniversitesi.

Ballıkaya, S., (2010), $CoSb_3$ Bazlı Katkılı Skutteruditelerin Transport Özellikleri, Doktora Tezi, Fizik Anabilim Dalı, İstanbul Üniversitesi.

Bhandari, C. M., Rowe, D. M., (1980), Theoretical analysis of the thermoelectric figure-of-merit, Energy Conversion and Management, 20, 113.

Bhandari, C. M., Rowe, D. M., (1988),Thermal Conduction in Semiconductors, Wiley Eastern Ltd., New Delhi.

Blankenship, W. P.,Rose, C. M., Zemanick, P. P., (1989) Applications of Thermoelectric Technology to Naval Submarine Cooling, Proc. VIIIth Int. Conf: T hermoelectric Energy Conversion, Scherrer, S., Schemer, H., Eds., July 10-13, Nancy, France, 224.

Breviglieri, S. T., Cavalheiro, E. T. G., Chierice, G. O., (2000), Correlation between ionic radius and thermal decomposition of Fe(II), Co(II), Ni(II), Cu(II) and Zn(II) diethanol dithio carbamates. Thermochimica Acta, 356, 79.

Callen, H.B., (1985), Thermodynamics and an introduction to thermostatistics, 2nd edn, Chapter 14, New York, John Wiley & Sons.

Colby, M. W., A. Osaka, J. D. Mackenzie, J., (1986),Effects of temperature on formation of silica gel, Non-Cryst. Solids, 82, 37.

Cooke-Yarborough, E. H., Yeats, F. W., (1975) Efficient thermo-mechanical generation of electricity from the heat of radioisotopes, Proc. Xth IECEC, 1033.

Çelik, Ö.,(2009), Kobalt Katkılandırılmış ZnO Yarıiletken Malzemelerin Üretimi ve Elektriksel Özelliklerinin Araştırılması, Doktora Tezi, Metalurji Eğitimi Anabilim Dalı, Fırat Üniversitesi.

Deitzel, J.M., Kleinmeyer, J., Harris, D., Beck Tan, N.C., (2001), The effect of processing variables on the morphology of electrospun nanofibers and textiles, Polymer, 42, 261.

Delves, R. T., (1962) The prospect of Ettinghausen and Peltier cooling at low temperatures, Br. J. Appl.Phys.,13, 440.

Ding, Y., Zhang, G. T., Wu, H., Hai, B., Wang, L. B., Qian, Y. T., (2001), Nanoscale Magnesium Hydroxide and Magnesium Oxide Powders: Control Over Size, Shape, Structure via Hydrothermal Synthesis,Chem. Mater.13, 435.

Douglas, J. P.,2013, *Guide to citing Internet sources*, University of Glasgow, http://userweb.eng.gla.ac.uk/douglas.paul/thermoelectrics.html [Ziyaret Tarihi: 22 Nisan 2013].

Evcin, A., (2013), Toz üretim teknikleri ders notları, Afyon Kocatepe Üniversitesi.

Fergus, J.W., (2012), Oxide materials for high temperature termoelectric energy conversion, Journal of European Ceramic Society, 32, 525.

Feteira, A., Reichmann, K., (2012), Nanoscale Oxide Thermoelectrics, Sol-Gel Processing for Conventional and Alternative Energy, Springer Science and Business Media, New York

Flory, J. P., (1974), Introductory lecture, Disc. Faraday Soc., 57, 7.

Flurial, J. P., Borshchevsky, A., Vandersande, J., (1991), Optimisation of the thermoelectric properties of hot pressed n-type SiGe materials by multiple doping and microstructure control, Proc. Xth Int. Conf Thermoelectrics, Cardiff, Wales, September 10-12, 156.

Fong,H., Liu,W., Wang,C., Vaia,R. A.,(2002), Generation of electrospun fibers of nylon 6 and nylon 6-montmorillonite nanocomposite, Polymer, 43, 775.

Fujita, K., Mochida, T., Nakamura, K., (2001), High-Temperature Thermoelectric Properties of $Na_xCoO_{2-\delta}$ Single Crystals,Jpn. J. Appl. Phys., 40, 4644.

Funahashi, R,., Matsubara, I. (2001), Thermoelectric properties of Pb- and Ca-doped $(Bi_2Sr_2O_4)_xCoO_2$ whiskers, Appl. Phys. Lett., 79, 362.

Funahashi, R., Matsubara, I., Ikuta, H., Takeuchi, T., Mizutani, U., Sodeoka, S. (2000), An oxide single crystal with high thermoelectric performance in air, Jpn. J. Appl. Phys., 39, L1127.

Goldsmid, H. J., Douglas, R. W., (1954), The use of semiconductors in thermoelectric refrigeration, Br.J. Appl. Phys.,5, 386.

Goldsmid, H. J., (1960) Applications of Thermoelectricity, Methuen Monograph, Worsnop, B. L., Ed..

Goldsmid, H. J., (1986),Electronic Refrigeration, Pion Limited, London.

Gündüz G., Çolak Ü., Tanrıverdi S., (2006), Elektrospinleme Yöntemi İle Seramik Nanolif Üretimi ve Karakterizasyonu, Tübitak Proje Sonuç Raporu, Proje No: Mag-273.

He, J.H., Wan, Y.Q., Yu, J.Y., (2004), Application Of Vibration Technology To Polymer Electrospinning, Int. J. Nonlin. Sci. Num. Sim., 5, 253.

Hébert, S., Lambert, S., Pelloquin, D., Maignan, A., (2001), Large thermopower in a metallic cobaltite: The layered Tl-Sr-Co-O misfit, Phys. Rev., B64, 172101.

Hopper, E. M., Zhu, Q., Song, J. H., Peng, H., Freeman, A. J., Mason, T. O., (2011), Electronic and thermoelectric analysis of phases in the $In_2O_3(ZnO)_k$ system, J. Appl. Phys., 109,013713.

Huang, M., Zhang, Y., Kotaki, M., & Ramakrishna, S., (2003), A Review On Polymer Nanofibers By Electrospinning And Their Applications In Nanocomposites. Composites Science And Technology, 2223.

Karunagaran, B., Kumar, R. T. R., Mangalaraj, D., Narayandass, S. K., Rao, G. M., (2002), Influence of thermal annealing on the composition and structural parameters of DC magnetron sputtered titanium dioxide thin films, Cryst. Res. Technol., 37, 1285.

Katz J.D., (1992), Microwave Sintering Of Ceramics, Annu. Rev. Mater. Sci.,22,153.

Khimich, N. N., (2004), Synthesis of Silica Gels and Organic-Inorganic Hybrids on Their Base, Glass Phys. Chem., 5, 430.

Klug, P. H., Alexander, L. E., (1974), X-ray Diffraction Procedures for Polycrystalline and Amorphous Materials, Wiley, New York.

Koshibae, W., Tsutsui, K., Maekawa, S., (2000), Thermopower in cobalt oxides, Phys. Rev.B, 62, 6869.

Koumoto, K., Terasaki, I., Murayama, N., (eds.) (2002), Oxide Thermoelectrics, Trivandrum, Research Signpost.

Kozanoğlu, G. S., (2006), Elektrospinning Yöntemiyle Nanolif Üretim Teknolojisi, Yüksek Lisans Tezi, İstanbul Teknik Üniversitesi.

Larrondo, L., Manley, J., (1981), Electrostatic Fiber Spinning From Polymer Melts. I. Experimental Observations On Fiber Formation and Properties, Journal of Polymer Science, 19, 909.

Lee, S., Yang, G., Wilke, R. H. T., Trolier-McKinstry, S., Randall, C. A., (2009), Thermopower in highly reduced n-type ferroelectric and related perovskite oxides and the role of heterogeneous non-stoichiometry, Phys. Rev. B., 79,134110.

Li, L., Chen, Z., Zhou, M., Huang, R., (2011), Developments in semiconductor thermoelectric materials, Front. Energy, 5, 125.

Livage, J., Henry, M., Sanchez, C., (1988), Sol-gel chemistry of transition metal oxides, Prog. Solid St. Chem., 18, 259

Maensiri, S., Nuansing, W., (2006), Thermoelectric oxide $NaCo_2O_4$ nanofibers fabricated by electrospinning, Materials Chemistry and Physics, 99, 104.

Mahan, G.D., (1989), Figure of merit for thermoelectrics, J. Appl. Phys., 65, 1578.

Mahan, G.D., (1998), Good thermoelectrics, Solid State Phys., 51, 81.

Maignan, A., Hebert, S., Pelloquin, D., Michel, C.,Hejtmanek, J., (2002), Thermopower enhancement in misfit cobaltites, J. Appl. Phys., 92, 1964.

Matsuura, K., Rowe, D. M., Koumoto, K., Min, G., Tsuyoshi, A.,(1992), DesignOptimisation for a Large Scale Low Temperature Thermoelectric Generator, Proc. XIth International Conference onThermoelectrics, University of Texas at Arlington, October 7-9, 10.

Moffat, R., (1997), Notes on Using Thermocouples, ElectronicsCooling, Vol. 3, No.1.

Noah Precision LLC, 2013, *Guide to citing Internet sources*, Vancouver, http://www.noahprecision.com/thermoelectric-overview.html[Ziyaret Tarihi: 22 Nisan 2013].

Ohta, S., Nomura, T., Ohta, H., Hirano, M., Hosono, H., Koumoto, K., (2005), Large thermoelectric performance of heavily Nb-doped $SrTiO_3$ epitaxial film at high temperature, Appl. Phys. Lett., 87, 092108.

Ohtaki, M., (2011), Recent aspects of oxide thermoelectric materials for power generation from mid-to-high temperature heat source, J. Ceram. Soc. Jpn., 119, 770.

Ohtaki, M., Araki, K., Yamamoto, K., (2009), High thermoelectric performance of dually doped ZnO ceramics, J. Electr. Mater., 38,1234.

Ohtaki, M., Tsubota, T., Eguchi, K., Arai, H., (1996), High-temperature thermoelectric properties of $(Zn_{1-x}Al_x)O$, J. Appl. Phys. 79, 1816.

Pajonk, G. M., (1995),Application of the sol-gel method to the preparation of some catalytic solid materials, Heterog. Chem. Rev., 2, 129.

Pierre, A. C., (1998), Introduction to Sol-Gel Processing, Kluwer Academic Publisher, London.

Pisharody, R. K.,Gamey, L. P., (1978), Modified silicon germanium alloys with improved performance, Proc XIIlth Intersociety Energy Conversion Engineering Conference, San Diego, CA, 20.

Pişkin, M. B., (2006), Yarıiletken Alaşımlarının Elektrik, Termoelektrik, Fiziksel ve Kimyasal Özelliklerinin İncelenmesi ve Sanayii Uygulamaları, Kimya Mühendisliği, Yıldız Teknik Üniversitesi.

Pollock, D.D., (1985), Thermoelectricity:Theory, Thermometry, Tool, ASTM Special Technical Publication 852, American Society for Testing and Materials, Philadelphia, PA.

Poudel, B., (2007), A Study On Thermoelectric Properties Of Nanostructured Bulk Materials, Doktora Tezi, The Graduate School Of Arts And Sciences, Department Of Physics, Boston College.

Prasad,N.S., Varma, K. B. R., (2002),Nanocrystallization of $SrBi_2Nb_2O_9$ from glasses in the system $Li_2B_4O_7$–SrO–Bi_2O_3–Nb_2O_5,Mater. Sci. Eng. B-Adv., 90, 246.

Ray, S., Okamoto, M., (2003), Polymer/layered silicate nanocomposites, A review from preparation to processing, Prog. Poymer Science, 28, 1539.

Reneker,D. H., Yarin,A. L., Fong,H., Koombhongse, S., (2000), Bending instability of electrically charged liquid jets of polymer solutions in electrospinning, J. Appl. Phys. 87, 4531.

Rowe D.M., (1995),CRC Handbook of Thermoelectrics, N.Y., CRC press LLC, Boca Raton Florida, USA.

Rowe, D. M., Bhandari, C. M., (1983),Modern Thermoelectrics, Holt Technology.

Rowe, D. M., Shukla, V., (1981), The effect of phonon-grain boundary scattering on the thermoelectric conversion efficiency of heavily doped fine grained hot pressed silicon germanium alloys, I. Appl. Phys.,52, 7421.

Rowe, D. M., (1988), Miniature Thermoelectric Convertors, U.K. Patent No. 87 14698.

Rowe, D. M.,Fu, L. W., Williams, S. G. K., (1993), Comments on the thermoelectric properties of pressure-sintered $Si_{0.8}Ge_{0.2}$ thermoelectric alloys, J. Appl. Phys.,73, 4683.

Rowe, D. M.,Schemer, S., Scherrer, H., (1989), United States thermoelectric activities in space, Proc. VIIIth Int. Conf: Thermoelectric Energy Conversion, Eds.,10-13, Nancy, France, 133.

Shaw, D. J., (1992), Introduction to Colloid and Surface Chemistry, Butterworth, 4th Edn, Butterworth, London, 1980.

Shikano, M., Funahashi, R. (2003), 'Electrical and thermal properties of single-crystalline $(Ca_2CoO_3)_{0.7}CoO_2$with a $Ca_3Co_4O_9$ structure', Appl. Phys. Lett., 82, 1851.

Shin W., Murayama N., (2000), High performance p-type thermoelectric oxide based on NiO, Materials Letters 45. 302–306.

Shin,Y. M., Hohman,M. M., Brenner, M. P., Rutledge, G. C., (2001), Electrospinning: A whipping fluid jet generates submicron polymer fibers, Appl. Phys. Lett., 78, 1149.

Sidorenko, N. A., Mosolov, A. B., (October 7-9, 1992) Cryogenic thermoelectric coolers with passive high Tc superconducting legs, Proc. XIth Int. Conf. Thermoelectrics, University of Texas at Arlington, 289.

Slack, G. A., Hussain, M. A., (1991), The maximum possible conversion efficiency of silicon germanium generators, I. Appl. Phys.,70, 2694.

Smith, G. E., Wolfe, R., (1962),Thermoelectric properties of bismuth antimony alloys, J. Appl. Phys.(USA), 33, 841.

Sorrell, C., Sugihara, S., Nowotny, J., (2005), "Materials for energy conversion devices",Woodhead Publishing Limited Cambridge England.

Srinivasan, G., Reneker D. H., (1995), Structure and morphology of small diameter electrospun aramid fibres, Polymer Inter., 36, 195.

Stordeur, M., Sobotta, H., (1987), Valence band structure and thermoelectric figure-of-merit of $(Bi_{1-x},Sb_x)_zTe_3$ single crystals, Proc. 1st European Conf. Thermoelectrics,

Suryanarayana, C., Norton M.G., (1998), X-ray diffraction a practical approach, Plenum Press, New York.

Terasaki, I., (2005), Introduction to thermoelectricity, Materials for energy conversion devices, 339, Edited by Charles C. Sorrell, Sunao Sugihara and Janusz Nowotny, Woodhead Publishing and Maney Publishing on behalf of The Institute of Materials, Minerals & Mining.

Terasaki, I., Tsukada, I., Iguchi, Y., (2002), 'Impurity-induced transition and impurity-enhanced thermopower in the thermoelectric oxide $NaCo_{2-x}Cu_xO_4$ ', Phys. Rev., B, 65,195106.

Terasaki, I., Sasago, Y., Uchinokura, K., (1997), Large thermoelectric power in $NaCo_2O_4$ single crystals, Phys. Rev. B, 56,12685.

Tsai, P. H., Li, S., Tay, Y. Y., (2007), Texturing Behaviors and Kinetics of $NaCo_2O_{4-\delta}$ Thermoelectric Materials, J. Am. Ceram. Soc., 90, 1908.

Tsubota, T., Ohtaki, M., Eguchi, K., Arai, H., (1997),Thermoelectric properties of Al-doped ZnO as a promising oxide material for high-temperature thermoelectric conversion, J. Mater. Chem., 7, 85.

Uslu, İ., (2010), Elektrospinleme Yöntemi ile Seramik Nano Borkarbür Üretimi ve Karekterizasyonu, ISBN 978-605-61162-0-9, Konya.

Van Herwaarden, A. W., Van Duyn, D. C., Van Oudheusden, B. W., Samo, P. M., (1989), Integrated Thermopile Sensors, Sensors and Actuators, A21-A23,621.

Vedernikov, M. V., Kuznetsov, V. L., Ditman, A. V., Melekh, B. T., Burkov, A. T., (1991), Efficient thermoelectric cooler with a thermoelectrically passive high T, superconducting leg, Proc. Xth Int.Conf: Thermoelectrics, Cardiff, Wales, 96.

Vining, C. B., Laskow, W., Hanson, J. O., Van der Beck, R. R., Gorsuch,P. D., (1991), Thermoelectric properties of pressure sintered thermoelectric alloys, I. Appl. Phys.,69, 4333.

Vining, C. B., (1992), The thermoelectric figure-of-merit ZT= 1; fact or artifact, Proc. XIth Int. Conf Thermoelectrics,University of Texas at Arlington, 223.

Weber, W. J., Griffin, C. W., Bates, J. L., (1987),Effects of Cation Substitution on Electrical and Thermal Transport Properties of $YCrO_3$ and $LaCrO_3$, J. Am. Ceram. Soc., 70, 265.

Wood, C., (1988), Materials for high temperature thermoelectric energy conversion, Proc. 1st EuropeanConf: Thermoelectncs, Rowe, D. M., Ed., Cardiff, Wales, 1.

Xiangdong W., Qiao G., Jin Z., (2004), Fabrication Of Machinable Silicon Carbide–Boron Nitride Ceramic Nanocomposites, J. The American Ceram. Soc., 87, 565.

Zorlu, H., (2009),Katkılı $Bi_{1.5}Zn_{0.92}Nb_{1.5}O_{6.92}$ dielektrik seramiklerinin üretimi ve karakterizasyonu, Yüksek Lisans Tezi, Fizik Bölümü, Marmara Üniversitesi.

Printed by Books on Demand GmbH, Norderstedt / Germany